北京市装配式建筑系统集成指南

BEIJINGSHI ZHUANGPEISHI JIANZHU
XITONG JICHENG ZHINAN

北京市住房和城乡建设科技促进中心　组织编写
宛　春　　肖　明　编著

中国计划出版社
· 北　京 ·

图书在版编目（CIP）数据

北京市装配式建筑系统集成指南 / 北京市住房和城乡建设科技促进中心组织编写；宛春，肖明编著．-- 北京：中国计划出版社，2023.11
ISBN 978-7-5182-1561-4

Ⅰ．①北…　Ⅱ．①北…　②宛…　③肖…　Ⅲ．①建筑工程—装配式构件—系统集成技术—指南　Ⅳ．① TU7-62

中国国家版本馆 CIP 数据核字（2023）第 221497 号

策划编辑：高　明（邮箱：18518478336@163.com）
责任编辑：高　明　　封面设计：韩可斌
责任印制：李　晨

中国计划出版社出版发行
网址：www. jhpress. com
地址：北京市西城区木樨地北里甲 11 号国宏大厦 C 座 4 层
邮政编码：100038　电话：（010）63906433（发行部）
河北鹏山实业有限责任公司印刷

787mm × 1092mm　1/16　10.75印张　270千字
2023 年 11 月第 1 版　2023 年 11 月第 1 次印刷

定价：88.00 元

编写委员会

名誉主编：王　鑫

主　　编：宛　春　肖　明

副 主 编：牛寅平　赵晓敏　胡　倩

执行主编：钱嘉宏　李　贝　赵　楠　蒋　伟

编　　委：李　珂　张　波　张虹波　赵　勇　许　可　孟海亮　薛　军
凌振军　袁利军　孙景怡　吴　铮　董志宇　林少华　仵爱勇
黄卫东　陈国立　朱　隆　张晋波　范志富　郑学忠　谭　祺
于新华　黄黎明　岳　杰　栗光华　秦仁泽　杨旭辉　乔　渊
刘万鸣　唐小涵　岳　彬　吴大伟　涂晓明　陈广峰　李　慧
罗　威　李云鹏　任建凯　刘敏敏　郝　学　周予启　赵智勇
魏素巍　徐　天　高惠润

编写人员：（按照姓氏笔画排列）
卜凡杰　王　辰　王　坤　王　赞　王会粉　王宇波　王振宇
王逢雨　云　燕　尤　斌　孔建辉　石　峰　付连生　代　婧
冯理森　边　超　吕晚晴　朱　涛　朱姣颖　朱静怡　刘亚运
刘思慧　刘海莉　闫　琰　许小燕　孙　磊　孙雪梅　杜　敬
李　伟　李　昕　李　峰　李　鹏　李　薇　李　鑫　李和晨
李佳晓　李秋萱　李斯文　杨嘉伟　邱伟国　汪　涛　张　君
张　迪　张　咪　张　晶　张长周　张莹莹　张梦丝　张雅芬
张寒冰　张鹏斌　张馨元　陈　波　周　博　周玉恩　孟庆铜
赵春色　赵艳丽　胡　松　秦锦涛　晋　津　贾云琪　贾墨林
夏　晟　夏寅飞　徐　晖　徐小童　徐中强　徐传阳　高海涛
郭　然　郭绍刚　郭银苹　陶劲夫　梅立娟　龚　妍　崔亚粲
董万军　董元奇　蒋安维　韩文龙　强翰霖　解晓骁

顾　　问：叶浩文　黄小坤　叶　明　赵　钿　钱稼茹　杨健康　宋　兵
杨思忠　满孝新　夏绪勇

主编单位：北京市住房和城乡建设科技促进中心

中国建筑标准设计研究院有限公司
北京市住宅建筑设计研究院有限公司
中建一局集团建设发展有限公司
北京基准方中建筑设计有限公司

参编单位： 中国建筑第二工程局有限公司
北京城建集团有限责任公司
北京城乡建设集团有限责任公司
北京市保障性住房建设投资中心
北京市建筑设计研究院有限公司
北京城市副中心投资建设集团有限公司
北京桑普新源技术有限公司
北京市延庆区康庄中学
上海贝莱特企业管理咨询有限公司

前言

为社会提供高质量建筑产品，更好顺应人民群众对高品质生活需求，是住房城乡建设系统的职责和使命。党的二十大报告明确指出，高质量发展是全面建设社会主义现代化国家的首要任务，提出建设现代化产业体系，推进新型工业化。发展装配式建筑是切实贯彻新发展理念、加快构建新发展格局、着力推进建筑业高质量发展的重要体现。《北京市人民政府办公厅关于进一步发展装配式建筑的实施意见》（京政办发〔2022〕16号）提出推动装配式建筑向绿色化、低碳化、智能化方向迈进，切实提高以装配式建筑为代表的新型建筑工业化水平，加快推动建筑产业转型升级。近年来，北京市积极稳步推动装配式建筑发展，政策体系基本健全，标准规范持续完善，技术体系不断优化，产业培育成果显现，为全市建筑业提升建造水平和建筑品质发挥了重要作用。

装配式建筑由主体结构、外围护、设备与管线、内装四大系统组成，作为一个由诸多复杂要素构成的有机整体，既是一个系统工程，又是一个以“建筑”作为最终产品，由策划、设计、生产、施工、装修等环节一体化集成的建造过程。因此，发展装配式建筑要以系统理念和技术集成的思维方式为指导，坚持标准化设计、工厂化生产、装配化施工、一体化装修、信息化管理和智能化应用，以实现建筑功能的经济、适用、安全为核心，加强四大系统的集成。发展装配式建筑是建造方式的重大变革，是实现新型建筑工业化的主要路径，通过推动装配式建筑系统集成和适用技术的应用，对于提高建造效率、提升建筑质量、促进产业升级、实现节能减排和绿色低碳等具有重要意义。

本书在梳理总结北京市装配式建筑系统解决方案的基础上，结合《装配式建筑评价标准》DB11/T 1831—2021相关要求，针对不同建筑类型汇编整理了适宜的装配式建筑系统集成方案，形成包括基础级、A（BJ）级、AA（BJ）级和AAA（BJ）级装配式建筑系统集成方案。为了方便理解，每个级别装配式建筑系统集成方案均给出了相应的典型项目案例解析。

本书可作为装配式建筑规划、设计、施工、监理、开发、研究、咨询和有关管理部门参考用书。建设工程新建项目参考选用装配式建筑系统集成方案时，应根据项目实际情况进行可行性研究与论证，增强集成方案的适宜性和集成度，关注在建筑中的实际应用效果。

本书的出版得到了北京住房和城乡建设委员会各级领导的指导和大力支持，得到了各位专家的指导帮助，凝聚了全体编写人员的智慧和劳动，在此谨向参加本书编写和给予指导的全体人员表示衷心感谢！

本书中的技术资料所涉及的规范、标准、图集等为本书发行时的现行文件，如相关规范、标准、图集进行修订，则需要与技术提供方咨询技术的适用性。

由于编者水平有限，本书难免存在疏漏和不足，敬请广大读者批评指正。如有意见和建议，请反馈给北京市住房和城乡建设科技促进中心（联系电话：010-55597928，邮箱：kjcjzx@zjw.beijing.gov.cn）。

目　录

1 概　　述……1

1.1 装配式建筑发展概述……1

1.1.1 全国装配式建筑发展概述……1

1.1.2 北京市装配式建筑发展情况……3

1.2 系统集成概况……6

1.2.1 主体结构系统……8

1.2.2 外围护系统……12

1.2.3 内装与设备管线系统……16

1.3 北京市装配式建筑系统集成发展概述……21

2 装配式建筑系统集成原则及提升方向……24

2.1 装配式建筑系统集成原则……24

2.1.1 标准化原则……24

2.1.2 整体性原则……24

2.1.3 差异化原则……25

2.2 装配式建筑系统集成发展需求……26

2.2.1 主体结构系统发展需求……26

2.2.2 外围护系统发展需求……27

2.2.3 内装与设备管线系统发展需求……29

2.3 装配式建筑系统集成提升方向……32

2.3.1 主体结构系统提升方向……32

2.3.2 外围护系统提升方向……34

2.3.3 内装与设备管线系统提升方向……36

2.3.4 装配式建筑整体提升方向……37

2.4 装配式建筑工程中的技术应用……38

2.4.1 信息化技术……38

2.4.2 智能建造技术……39

2.4.3 工程总承包管理模式……40

3 基础级装配式建筑系统集成方案……41

3.1 基础级系统集成方案……41

3.1.1 公共建筑系统集成方案一 42
3.1.2 公共建筑系统集成方案二 44
3.1.3 公共建筑系统集成方案三 46
3.1.4 公共建筑系统集成方案四 48
3.1.5 公共建筑系统集成方案五 50
3.1.6 公共建筑系统集成方案六 52
3.2 典型案例分析（公共建筑）......53
3.2.1 装配式建筑系统集成方案 53
3.2.2 解析与评价 55

4 A（BJ）级装配式建筑系统集成方案 58

4.1 A（BJ）级系统集成方案 58
4.1.1 居住建筑 60
4.1.2 公共建筑 65
4.2 典型案例分析......77
4.2.1 典型案例一（居住建筑）......77
4.2.2 典型案例二（居住建筑）......81
4.2.3 典型案例三（公共建筑）......86

5 AA（BJ）级装配式建筑系统集成方案 90

5.1 AA（BJ）级系统集成方案......90
5.1.1 居住建筑 91
5.1.2 公共建筑 94
5.2 典型案例分析......103
5.2.1 典型案例一（居住建筑）......103
5.2.2 典型案例二（居住建筑）......106
5.2.3 典型案例三（公共建筑）......110

6 AAA（BJ）级装配式建筑系统集成方案 115

6.1 AAA（BJ）级系统集成方案......115
6.1.1 居住建筑 116
6.1.2 公共建筑 119
6.2 典型案例分析......129
6.2.1 典型案例一（居住建筑）......129
6.2.2 典型案例二（居住建筑）......133
6.2.3 典型案例三（公共建筑）......137

7 装配式工业建筑及农宅系统集成方案 141
7.1 装配式工业建筑及农宅系统集成推荐方案 141
7.1.1 工业建筑 142
7.1.2 农宅 148
7.2 典型案例分析 151
7.2.1 典型案例一 151
7.2.2 典型案例二 155
7.2.3 典型案例三 158
参考文献 162

1 概　述

《国务院办公厅关于大力发展装配式建筑的指导意见》（国办发〔2016〕71号）明确指出，装配式建筑是用预制部品部件在工地装配而成的建筑，发展装配式建筑是建造方式的重大变革，是推进供给侧结构性改革和新型城镇化发展的重要举措，有利于节约资源能源、减少施工污染、提升劳动生产效率和质量安全水平，有利于促进建筑业与信息化工业化深度融合、培育新产业新动能、推动化解过剩产能。

装配式建筑作为实现建筑产业转型升级的重要途径，通过标准化设计、工厂化生产、装配化施工、一体化装修、信息化管理和智能化应用，实现建筑主体结构、外围护、设备与管线、内装四大系统的一体化集成。相较传统的建造方式，具有现场作业量少、劳动强度低、有效减少建筑垃圾、提升建筑质量等优点。

住房城乡建设部等九部门发布的《关于加快新型建筑工业化发展的若干意见》（建标规〔2020〕8号）提出了加强系统化集成设计、优化构件和部品部件生产、推广精益化施工、加快信息技术融合发展、创新组织管理模式、强化科技支撑、加快专业人才培育、开展新型建筑工业化项目评价、加大政策扶持力度等意见。

1.1 装配式建筑发展概述

1.1.1 全国装配式建筑发展概述

从2013年国务院办公厅转发国家发展改革委、住房城乡建设部制定的《绿色建筑行动方案》开始，国家颁布了大量关于推广装配式建筑的政策文件。2015年12月，中央城市工作会议在北京召开，会议提出要“大力推广装配式建筑，力争用10年左右时间，使装配式建筑占新建建筑的比例达到30%”。2016年2月，中共中央、国务院发布的《关于进一步加强城市规划建设管理工作的若干意见》（中发〔2016〕6号），标志着国家正式将推广装配式建筑提升到国家发展战略的高度。2016年9月，国务院办公厅发布《关于大力发展装配式建筑的指导意见》（国办发〔2016〕71号），提出“不断提高装配式建筑在新建建筑中的比例。坚持标准化设计、工厂化生产、装配化施工、一体化装修、信息化管理、智能化应用，提高技术水平和工程质量，促进建筑产业转型升级”。《国务院办公厅关于促进建筑业持续健康发展的意见》（国办发〔2017〕19号）提出“推动建造方式创新，不断提高装配式建筑在新建建筑中的比例”。2017年3月，住房城乡建设部出台《“十三五”装配式建筑行动方案》，明确到2020年，全国装配式建筑占新建建筑的比例达到15%以上，其中京津冀、长三角、珠三角三大城市群等重点推进地区达到20%以上，常住人口超过300万的其他城市等积极推进地区达到15%以上，其他城市等鼓励推进地区达到10%以上。2020年7月和8月，住房城乡建设部等部门发布《关于推动智能建造与建筑工业化协同发展的指导意见》（建市〔2020〕60号）、《关于加快新型建筑工业化发展的若干意见》（建标规〔2020〕8号），2022年1月和3月，住房城乡建设部发布《“十四五”建筑业发展规划》（建市〔2022〕11号）和《“十四五”建筑节能与绿色建筑发展规划》（建标〔2022〕24号），提出加快智能建造与新型建筑工业化协同发展和大力发展装配式建筑的任务和要求，明确提出到2025年，新建装配式建筑占当年城镇新建建筑的比例达到30%的发展目标，到2035年，我国智能建造与建筑工业化协同发展取得显著进展，建筑工业化全面实现。

多年来，各省市深入贯彻落实中央城市工作会议精神和《关于大力发展装配式建筑的指导意见》（国办发〔2016〕71号），坚持市场主导、政府推动的基本原则，积极制定政策措施，逐步健全技术标准体系，有效推动装配式建筑快速发展。据不完全统计，各省市发布装配式建筑政策文件累计超过100份，包括用地支持、财政补贴、专项资金、税费优惠、容积率、评奖、信贷支持、审批、消费引导、行业扶持等各类支持政策。

目前全国新开工装配式建筑呈逐年增长趋势，建造水平和建筑品质明显提高。截至2023年，住房城乡建设部共批准了316家装配式建筑产业基地企业和12家园区类基地，组织编制了《装配式住宅设计选型标准》JGJ/T 494—2022、《装配式混凝土结构住宅主要构件尺寸指南》、《钢结构住宅主要构件尺寸指南》和《住宅装配化装修主要部品部件尺寸指南》等多部标准指南，极大地推进了装配式住宅标准化建设。根据《中国建材报》“预制建筑网”等统计信息，2017—2023年，全国新开工装配式建筑面积分别为1.6亿、2.9亿、4.2亿、6.3亿、7.4亿、8.1亿、7.81亿m^2（图1–1），2023年全国新开工装配式建筑面积占新建建筑面积的比例达到31.0%。2017—2021年，京津冀、长三角、珠三角等重点推进地区，新开工装配式建筑面积占全国的比例分别为47.2%、46.8%、47.1%、54.6%、52.1%，装配式建筑发展在重点推进地区、积极推进地区和鼓励推进地区呈现齐头并进、持续快速增长态势。

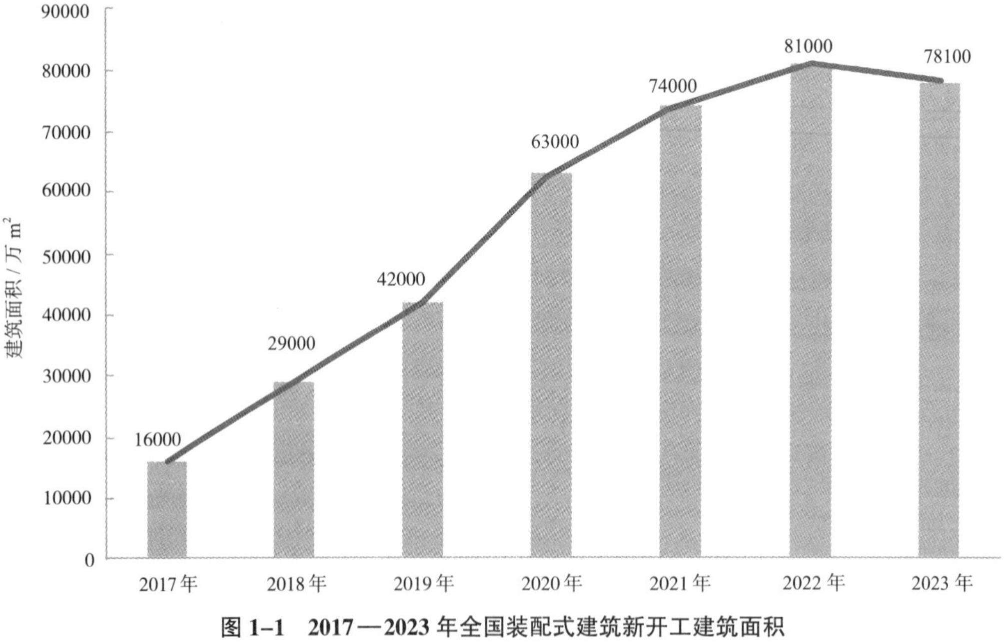

图1–1　2017—2023年全国装配式建筑新开工建筑面积

从建筑类型应用看，近年来，装配式建筑在商品房中的应用逐步增多。以 2019 年为例，新开工装配式建筑中，商品住房建筑面积为 1.7 亿 m^2，保障性住房建筑面积为 0.6 亿 m^2，公共建筑建筑面积为 0.9 亿 m^2，分别占新开工装配式建筑的 40.7%、14% 和 21%。在各地政策支持引领下，将装配式建筑建设要求列入规划条件和土地出让条件，有效推动了装配式建筑的发展。

从结构类型看，目前全国新开工装配式建筑以装配式混凝土结构为主。以 2020 年和 2021 年为例，新开工装配式混凝土结构建筑面积分别为 4.3 亿、4.9 亿 m^2，占新开工装配式建筑的比例分别为 68.3%、67.7%；新开工装配式钢结构建筑面积分别为 1.9 亿、2.1 亿 m^2，占新开工装配式建筑的比例分别为 30.2%、28.8%。其中，2021 年新开工装配式钢结构住宅建筑面积为 0.15 亿 m^2，同比增长 25%。其余为木结构及混合结构等装配式建筑。

从产业发展看，随着政策驱动和市场内生动力的增强，装配式建筑相关产业发展迅速。截至 2023 年底，全国共创建国家级装配式建筑产业基地 328 个，省级产业基地 908 个。在装配式建筑产业链中，构件生产、装配式装修成为新的亮点。其中，构件生产产量和构件产能利用率进一步提高，装配式装修面积逐年提升。

1.1.2 北京市装配式建筑发展情况

北京市自 2007 年开始推行住宅产业化，是国内较早推广装配式建筑的城市之一。十多年来，从工程试点到项目示范、从局部构件应用到建筑结构体系逐步完善、从保障房试行到全面铺开，在北京市委、市政府的坚强领导下，住房城乡建设领域认真落实“创新、协调、绿色、开放、共享”新发展理念和《北京城市总体规划（2016 年—2035 年）》以及《北京市建筑绿色发展条例》要求，逐步提升装配式建筑占新建建筑比重和建筑单体装配化程度，积极稳妥推进装配式建筑发展。2014 年，住房城乡建设部将北京市列为“国家住宅产业现代化综合试点城市”，标志着北京市住宅产业化工作迈上新的台阶。2017 年 9 月，北京市成为“首批国家装配式建筑示范城市”。

近年来，北京市不断完善装配式建筑政策文件和技术标准。2017 年和 2021 年先后发布《北京市人民政府办公厅关于加快发展装配式建筑的实施意见》（京政办发〔2017〕8 号）和《北京市人民政府办公厅关于进一步发展装配式建筑的实施意见》（京政办发〔2022〕16 号），明确了“十三五”“十四五”时期北京市装配式建筑发展的总体要求、重点工作和保障措施。2023 年发布《北京市建筑绿色发展条例》，提出逐步提升装配式建筑占新建建筑比重和建筑单体装配化程度，稳步发展装配式建筑。截至 2023 年底，共发布《关于加强装配式混凝土建筑工程设计施工质量全过程管控的通知》（京建法〔2018〕6 号）等 20 余项装配式建筑专项政策文件。同时进一步强化技术支撑，发布地方标准《装配式建筑评价标准》DB11/T 1831—2021、京津冀协同标准《装配式混凝土结构工程施工与质量验收规程》DB11/T 1030—2021 和《预制混凝土构件质量检验标准》DB11/T 968—2021 等 20 多项技术标准文件，基本形成装配式建筑设计、构件生产、施工、装修全过程的政策保障体系和技术保障体系。表 1–1、表 1–2 列举了北京市发布的关于装配式建筑的主要政策文件和技术标准。

作为全国装配式建筑发展重点推进地区，北京拥有“国家装配式建筑产业基地”28 家，北京市装配式建筑的工作目标、实施标准居全国前列，多种经验做法纳入全国装配式建筑发展可复制可推广清单，多个项目被评为“国家级范例项目”“中国人居环境范例奖”“詹天佑优秀住宅小区金奖”和“北京市优秀工程勘察设计奖”等，在居住建筑、公共建筑以及工业建筑中，形成一批具有示范效应的典型案例。2017—2023 年，北京市新建装配式建筑面积分别为 449 万、1377 万、1413 万、2206 万、2077 万、2264 万和 2270 万 m^2，占全市新建房屋建筑面积的比例分别为 15%、29%、26.9%、40%、40%、45% 和 53%。截至 2023 年底，全市累计新建装配式建筑面积达到 1.2 亿 m^2，连续七年超额完成既定目标。

表 1–1　北京市关于装配式建筑的主要政策文件

分类	序号	政策文件	发布时间
指导文件	1	《北京市人民政府办公厅关于进一步发展装配式建筑的实施意见》（京政办发〔2022〕16 号）	2022 年 4 月
	2	《北京市人民政府办公厅关于加快发展装配式建筑的实施意见》（京政办发〔2017〕8 号）	2017 年 2 月
	3	《北京市发展装配式建筑 2017 年工作计划》（京装配联办发〔2017〕2 号）	2017 年 5 月
	4	《北京市发展装配式建筑 2018 年—2019 年工作要点》（京装配联办发〔2019〕1 号）	2019 年 5 月
	5	《北京市发展装配式建筑 2020 年工作要点》（京装配联办发〔2020〕2 号）	2020 年 8 月
工作制度	6	《北京市发展装配式建筑工作联席会议制度》（京装配联办发〔2017〕1 号）	2017 年 5 月
	7	《关于落实〈关于加快发展装配式建筑的实施意见〉任务分解表中涉及我委有关工作的通知》（市规划国土发〔2017〕178 号）	2017 年 5 月
	8	《北京市装配式建筑专家委员会管理办法》（京建发〔2017〕382 号）	2017 年 9 月
	9	《关于公布第三届北京市装配式建筑专家委员会委员名单的通知》（京建发〔2023〕2 号）	2022 年 12 月
过程管理	10	《关于印发〈北京市装配式建筑项目设计管理办法〉的通知》（市规划国土发〔2017〕407 号）	2017 年 11 月
	11	《关于加强装配式混凝土建筑工程设计施工质量全过程管控的通知》（京建法〔2018〕6 号）	2018 年 3 月
	12	《关于明确装配式混凝土结构建筑工程施工现场质量监督工作要点的通知》（京建发〔2018〕371 号）	2018 年 8 月
	13	《关于加强建设工程“四新”安全质量管理工作的通知》（京建发〔2021〕247 号）	2021 年 8 月

表 1–1（续）

分类	序号	政策文件	发布时间
过程管理	14	《关于取消产业化住宅部品目录审定有关事项的通知》（京建发〔2018〕361 号）	2018 年 7 月
	15	《关于开展建设工程材料采购信息填报有关事项的通知》（京建法〔2018〕19 号）	2018 年 10 月
奖励政策	16	《关于印发〈北京市装配式建筑、绿色建筑、绿色生态示范区项目市级奖励资金管理暂行办法〉的通知》（京建法〔2020〕4 号）	2020 年 4 月
	17	《关于印发〈北京市建筑绿色发展奖励资金管理办法〉的通知》（京财经建〔2022〕2185 号）	2022 年 10 月
	18	《关于印发〈北京市建筑绿色发展奖励资金示范项目管理实施细则（试行）〉的通知》（京建发〔2023〕191 号）	2023 年 6 月
	19	《关于优化采用装配式建筑的商品房开发项目预售许可要求的通知》（京建发〔2022〕258 号）	2022 年 7 月
	20	《关于规范高品质商品住宅项目建设管理的通知》（京建发〔2021〕384 号）	2021 年 12 月

表 1–2　北京市关于装配式建筑的主要技术标准

序号	标准文件	标准编号 / 文号	实施日期
1	《建筑工程施工工艺规程　第 21 部分：装配式混凝土结构工程》	DB11/T 1832.21—2023	2023 年 10 月 1 日
2	《建筑工程施工工艺规程　第 22 部分：装配式装修工程》	DB11/T 1832.22—2023	2024 年 4 月 1 日
3	《预制混凝土夹心保温外墙板应用技术规程》	DB11/T 2128—2023	2023 年 10 月 1 日
4	《装配式建筑评价标准》	DB11/T 1831—2021	2021 年 7 月 1 日
5	《装配式混凝土结构工程施工与质量验收规程》	DB11/T 1030—2021	2021 年 7 月 1 日
6	《预制混凝土构件质量检验标准》	DB11/T 968—2021	2021 年 7 月 1 日
7	《施工现场装配式路面技术规程》	DB11/T 1846—2021	2021 年 7 月 1 日
8	《装配式建筑设备与电气工程施工质量及验收规程》	DB11/T 1709—2019	2020 年 4 月 1 日
9	《居住建筑室内装配式装修工程技术规程》	DB11/T 1553—2018	2018 年 10 月 1 日
10	《钢筋套筒灌浆连接技术规程》	DB11/T 1470—2022	2023 年 4 月 1 日

表 1-2（续）

序号	标准文件	标准编号 / 文号	实施日期
11	《建筑预制构件接缝密封防水施工技术规程》	DB11/T 1447—2017	2017 年 10 月 1 日
12	《北京市建设工程计价依据—预算消耗量定额（装配式房屋建筑工程）》	2017 年 3 月 17 日印发	2017 年 6 月 1 日
13	《公共租赁住房建设标准》	DB11/T 1365—2023	2024 年 4 月 1 日
14	《预制混凝土构件质量控制标准》	DB11/T 1312—2015	2016 年 4 月 1 日
15	《装配式框架及框架—剪力墙结构设计规程》	DB11/ 1310—2015	2016 年 7 月 1 日
16	《公共租赁住房内装设计模数协调标准》	DB11/T 1196—2015	2015 年 8 月 1 日
17	《住宅全装修设计标准》	DB11/T 1197—2015	2015 年 8 月 1 日
18	《装配式剪力墙结构设计规程》配套图集 PT-1003	DB11/ 1003—2013	2015 年 4 月 1 日
19	《装配式剪力墙结构设计规程》	DB11/ 1003—2022	2023 年 7 月 1 日
20	《装配式剪力墙住宅建筑设计规程》配套图集 PT-970	DB11/T 970—2013	2015 年 2 月 1 日
21	《装配式剪力墙住宅建筑设计规程》	DB11/T 970—2013	2013 年 7 月 1 日
22	《北京市公共租赁住房标准设计图集（一）》	BJ-GZF/BS TJ1—2012	2012 年 8 月 1 日
23	《北京市共有产权住房规划设计宜居建设导则（试行）》	京建法〔2017〕20 号	2017 年 9 月 23 日
24	《北京市公共租赁住房建设技术导则（试行）》	京建发〔2010〕413 号	2010 年 7 月 22 日
25	《清水混凝土预制构件生产与质量验收标准》	DB11/T 698—2009	2010 年 4 月 1 日

1.2 系统集成概况

作为建造方式的重大变革，装配式建筑具有标准化设计、工厂化生产、装配化施工、一体化装修、信息化管理、智能化应用等特点，提高装配式建筑系统集成度，对于节约资源、减少施工污染、提升劳动生产率、提高能源资源使用效率、提高组件回收利用率、减少建筑建造和使用过程碳排放量等方面具有重大意义。

装配式建筑是一个系统工程，由主体结构系统、外围护系统、设备与管线系统、内装系统四个系统组成（图 1-2），是将预制构件和部品部件通过模数协调、模块组合、接口技术、构造节点和施工工法等方式集成装配而成。装配式建筑系统集成是以装配化建造方式为基础，统筹策划、设计、生产和施工等环节，实现建筑主体结构系统、外围护系统、设备与管线系统、内装系统一体化的过程。装配式建筑强调这四个系统之间的集成，以及各系统内部的集成过程。装配式内装系统和设备与管线系统之间在设计、生产、施工、信息化管理等方面都存在紧密的联系，因此本书将这两个系统常合并介绍。

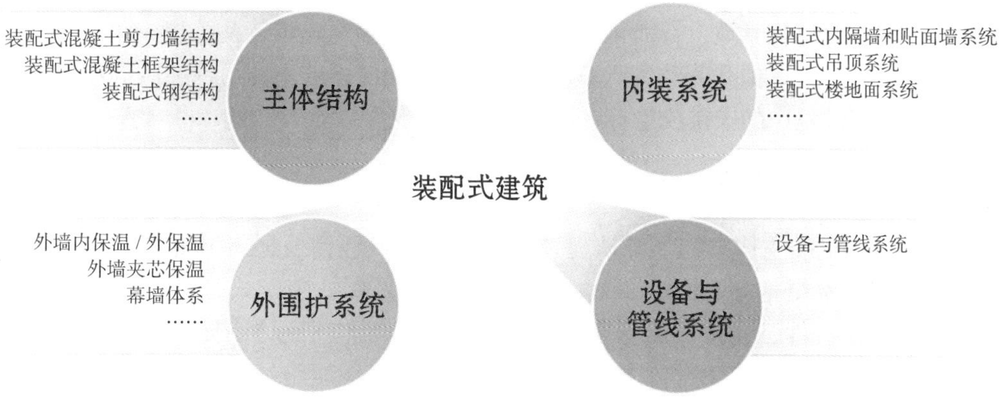

图 1-2　装配式建筑四大系统示意图

装配式建筑的关键在于全过程全产业链系统性集成，不是简单地等同于传统生产方式下的工序叠加，也不是在传统的设计、施工和管理模式下进行部品预制。真正意义的装配式建筑是将建筑的主体结构、外围护、内装和设备管线集成为完整的体系，只有这样才能体现装配式建筑的整体优势，实现提高质量、促进产业升级、减少人工、增加效益的目的。

装配式建筑从规划设计阶段开始就应进行前期建筑整体的技术方案策划，以统筹规划设计、部品部件生产、施工建造和运营维护全过程。在项目前期需要综合考虑各环节相应的客观条件和技术问题，在进行前期方案设计的同时进行装配式专项技术设计，确定技术标准和方案选型。装配式专项技术设计应与方案设计相结合，进行建筑、结构、机电设备、室内装修等全专业一体化设计。前期充分进行各专业的技术协调，做到设计阶段闭环。同时，要考虑到工业化专项设备设施、部品部件的通用性与技术衔接性，在前期设计阶段就要有明确的逆向部品化设计思维。在此基础上，设计要贯穿施工建造的全过程，系统协调施工建造活动，这样才能保证施工环节的顺利对接，避免施工时工序交叉出现的技术矛盾。对于后期使用过程中的维修维护、换新更替来说，通用化标准化的接口，会提供最大化的便利性和最广泛的可选择性。

装配式建筑集成技术应用是发展装配式建筑的重点研究内容，是提高装配式建筑品质和效益的关键，而全专业、全过程的技术前置与优化是集成设计的核心。建筑主体结构系统集成建筑结构体系、构件布置与连接技术、施工与安装技术等，同时考虑与管线分离技术的结合，设备与内装专业所需要的前置预留预埋、降板等均需集成到建筑主体结构系统中。外围护系统应将建筑外观与围护性能相结合，考虑建筑立面、保温防水、窗户、遮阳、空调板等与预制外墙体系的集成，可集成承重、保温和外装饰一体的构件。设备与管线系统可以应用管线系统的集约化技术与设备能效技术，保证系统的集成高效。数字化、智慧化的不断发展，对设备设施的集成性提出了更高的要求。设备与管线系统要与主体结构系统和内装系统高度集成，一方面要通过管线分离技术保证结构的完整性，另一方面也要实现内装系统的功能性、美观性及耐久性。建筑内装系统应采用集成化的干法施工技术，在管线分离技术的基础上，集成全屋检修系统、数字化智能系统、智能安防系统等，做到安装快捷、无损维修、低碳环保、可持续更新。

装配式建筑作为建造方式的重大变革，具有标准化设计、工厂化生产、装配化施工、一体化装修、信息化管理、智能化应用等特点。提高装配式建筑系统集成度，对于节约资源、减少施工污染、提升劳动生产率、提高能源资源使用效率和组件回收利用率、减少建筑建造和使用过程中的碳排放量等方面具有重大意义。

1.2.1 主体结构系统

装配式建筑的主体结构系统从建造材料上划分，包括装配式混凝土结构、装配式钢结构和装配式木结构等（图 1–3）。主体结构系统是保证装配式建筑安全的关键，由预制构件、现浇构件、连接节点等组成，预制构件主要包括预制墙板、预制柱、预制梁、预制楼板、预制楼梯等，预制构件在工厂批量生产，运至施工现场进行装配施工。装配式混凝土结构是装配式建筑中应用量最大、涉及建筑类型最多的结构体系，包含装配式混凝土框架结构体系、装配式混凝土剪力墙结构体系等。装配式混凝土结构的预制构件之间通过现浇混凝土以及可靠的连接方式形成主体结构系统；装配式钢结构通过焊接连接和螺栓连接装配成主体结构系统；装配式木结构的构件通过螺栓连接、榫卯连接等装配成主体结构系统。

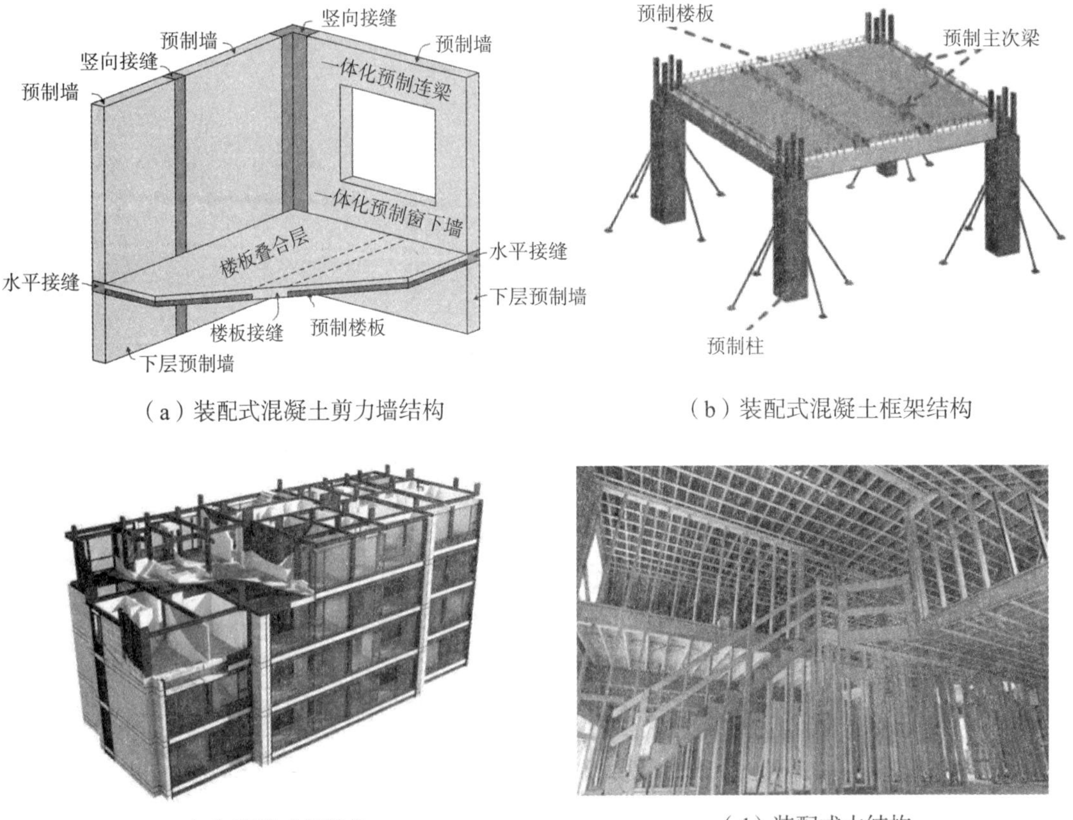

（a）装配式混凝土剪力墙结构

（b）装配式混凝土框架结构

（c）装配式钢结构

（d）装配式木结构

图 1–3 装配式建筑主体结构系统

1. 装配式混凝土剪力墙结构

装配式混凝土剪力墙结构是指预制构件通过钢筋、连接件及后浇混凝土连接而成的剪力墙结构，主要分为全预制剪力墙结构和叠合剪力墙结构（图 1–4 和图 1–5）。目前全预制剪力墙在北京市装配式剪力墙结构中应用广泛，其设计、施工、验收的相关规范与标准成熟完善。近年来，叠合剪力墙发展迅速、工程应用越来越多，北京市有关单位研发了多种叠合剪力墙体系，并将相关技术纳入地方标准和规范。

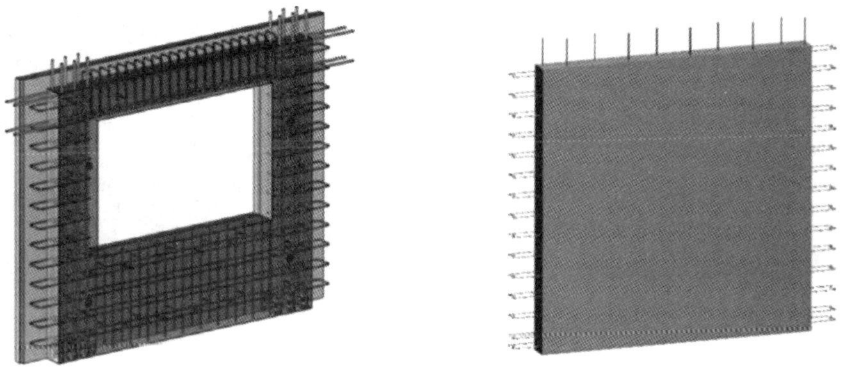

图 1–4　全预制剪力墙

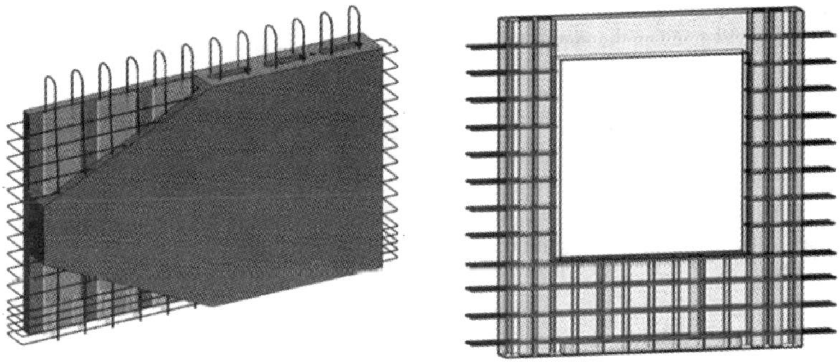

图 1–5　叠合剪力墙

全预制剪力墙的竖向钢筋采用套筒灌浆连接、浆锚搭接连接等连接方式［图 1–6（a）］。套筒灌浆连接包括全灌浆套筒连接和半灌浆套筒连接。前者套筒两端都是通过钢筋与高强灌浆料、高强灌浆料与金属套筒之间的粘结作用进行传力，从而实现相邻上下层全预制剪力墙竖向钢筋连接；后者套筒下端采用灌浆连接，套筒上端的钢筋与套筒采用直螺纹连接。钢筋套筒灌浆连接的关键是套筒内的灌浆料必须饱满，可以采用饱满度监测器等进行监测和补浆；对于半灌浆套筒连接，上端钢筋丝头的加工质量也是关键，应避免因丝头加工质量不合格导致钢筋受拉时上端钢筋从套筒内拔出破坏。套筒灌浆连接的应用起步早，技术成熟，设计、施工、检测的相关规范、规程齐全，是目前北京市应用最普遍的全预制剪力墙竖向钢筋连接技术。

常见的叠合剪力墙结构包括空心叠合剪力墙、纵肋叠合剪力墙、圆孔板叠合剪力墙等。叠合剪力墙的竖向钢筋采用直螺纹套筒连接、搭接连接、环锚连接等方式进行连接［图 1–6（b）］。叠合剪力墙主要具有如下优势：①预制空心（或空腔）墙板的重量比相同尺寸的全预制剪力墙轻，有利于运输和吊装；②竖向钢筋采用搭接连接及直螺纹套筒连接，与现浇剪力墙竖向钢筋的连接方法相同，便于建筑工人和管理人员熟悉掌握，钢筋连接质量易于保证，安全风险小；③叠合剪力墙底部与楼板之间为现浇混凝土，类似于现浇剪力墙与楼板之间的连接。为保证叠合剪力墙的空腔内现浇混凝土密实，须控制混凝土粗骨料粒径、坍落度，并采取逐孔分层振捣等措施。

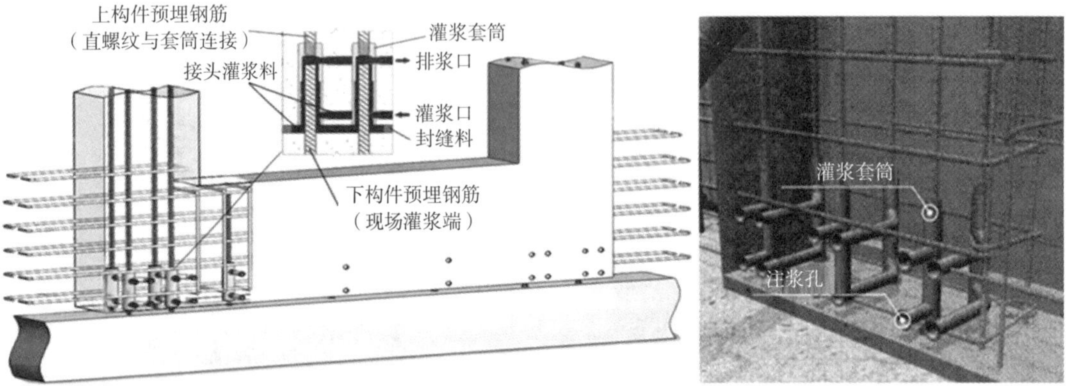

（a）全预制剪力墙

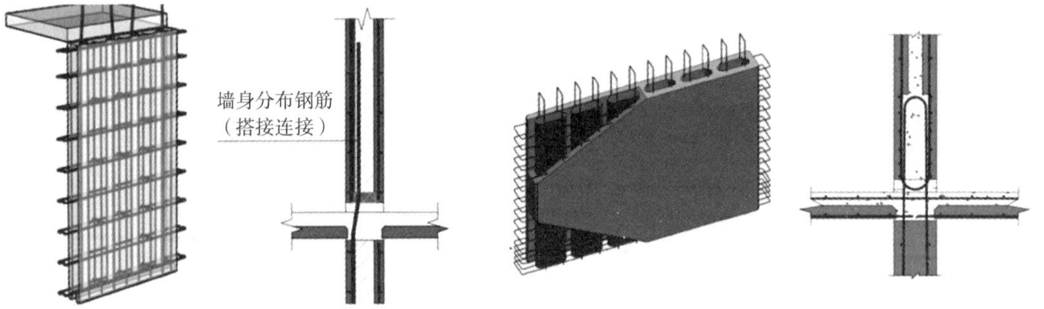

（b）叠合剪力墙

图 1-6　典型预制剪力墙及其竖向钢筋连接构造

2. 装配式混凝土框架结构

框架结构根据建造材料可分为钢筋混凝土框架、钢框架、组合框架和混合框架。装配式钢筋混凝土结构中只有框架时为装配式混凝土框架结构，框架与剪力墙或核心筒组成装配式框架—剪力墙结构或装配式框架—核心筒结构时，其框架采用装配式结构，剪力墙或核心筒通常采用现浇结构。装配式混凝土框架结构具有空间分隔灵活可变的特点，广泛应用于办公、多层工业建筑、多层物流仓储设施等非居住类建筑中。装配式结构相关标准已对装配式混凝土框架结构的设计方法和构造要求做出详细规定，装配式混凝土框架结构的主要构件包括柱、梁及楼板，框架柱有全预制柱、空心叠合柱、大钢模工业化建造柱等。全预制柱的竖向钢筋采用套筒灌浆连接［图 1-7（a）］，其优势在于预制程度高、现场湿作业少，但对竖向钢筋位置的精度要求高、构件自重大。空心叠合混凝土柱［图 1-7（b）］的受力纵筋采用直螺纹套筒连接，相比全预制柱，空心叠合混凝土柱的自重小，安装便捷。装配式钢节点混合框架［图 1–7（c）］的混凝土柱预制，混凝土梁可以叠合或全预制；梁端和柱端预埋钢连接件，梁的水平钢筋与梁端钢连接件搭接焊接，柱的竖向钢筋与柱端钢连接件搭接焊接（柱端钢连接件采用埋入式时），也可采用穿孔塞焊（柱端钢连接件采用端板式时），梁、柱端钢连接件采用钢框架梁柱的连接方式连接，形成整体框架。

（a）全预制柱 – 套筒灌浆连接

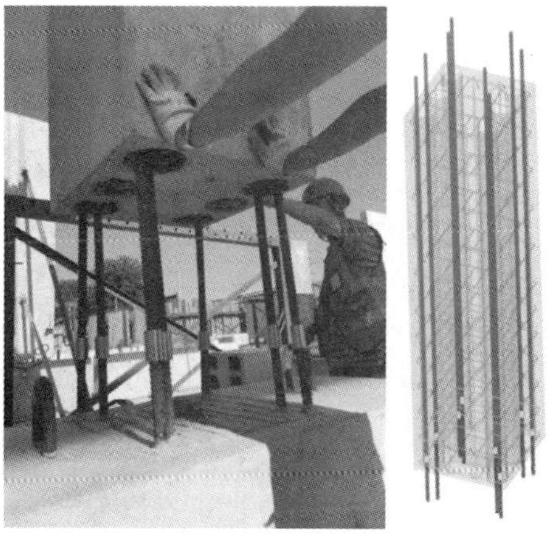

（b）空心叠合柱 – 直螺纹套筒连接

（c）装配式钢节点混合框架

图 1–7　典型预制剪力墙及其竖向钢筋连接构造

3. 装配式钢结构

装配式钢结构建筑的结构体系与传统非装配式钢结构建筑的结构体系相同。北京市常用的装配式钢结构建筑的结构体系包括：钢框架结构、钢框架 – 支撑结构和钢框架 – 延性墙板结构（图 1–8），钢框架 – 支撑结构包括钢框架 – 中心支撑结构、钢框架 – 偏心支撑结构和钢框架 – 屈曲约束支撑结构。

钢框架结构是装配式钢结构建筑中最常用的一种结构形式，钢梁和钢柱通过焊接和螺栓连接成框架。钢框架结构具有空间分隔灵活、自重轻等优点，常用于大跨度公共建筑、多层工业厂房和一些特殊用途的建筑物中。钢框架 – 支撑结构常用于高层建筑，钢框架 – 支撑结构是在钢框架结构的基础上通过在部分框架柱之间布置支撑来提高结构承载力及侧向刚度的一种结构。目前，北京市钢框架－屈曲约束支撑结构在幼儿园建筑和养老建筑中应用较多，以满足减震要求及设防烈度地震下正常使用的要求。钢框架－延性墙板结构由钢框架和延性墙板组成，延性墙板有带加劲肋的钢板剪力墙、带竖缝混凝土剪力墙等，延性墙板也是预制构件，延性墙板仅承受水平荷载、不承受竖向荷载。钢框架－支撑结构与钢框架－延性墙板结构都是双重抗侧力结构体系，具有两道抗震防线，其侧向刚度比钢框架结构大。

（a）钢框架－支撑结构体系

（b）钢框架－延性墙板结构体系

图 1-8　典型装配式钢结构技术体系示意图

1.2.2　外围护系统

外围护系统由外墙系统、屋面系统、外门窗系统及其他部品部件等组合而成。外围护系统是装配式建筑的重要组成部分，在设计中不仅要满足承载、抗风、抗震、耐撞击及防火等安全性能，还要符合保温、隔热、隔声、防水、防潮等功能性指标以及耐久性要求。根据不同的主体结构选型，外围护系统可分为与装配式剪力墙结构适配或与装配式框架结构适配的外围护系统。

1. 装配式剪力墙结构

装配式剪力墙结构体系的外围护墙体通常具有结构墙体和围护的双重功能，其保温做法主要有三种：外墙内保温、外墙外保温和外墙夹芯保温（图 1-9），北京目前以外墙外保温和外墙夹芯保温为主。

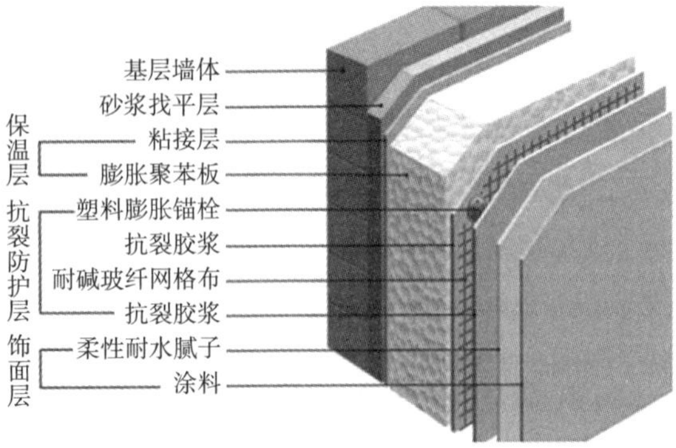

（a）外保温

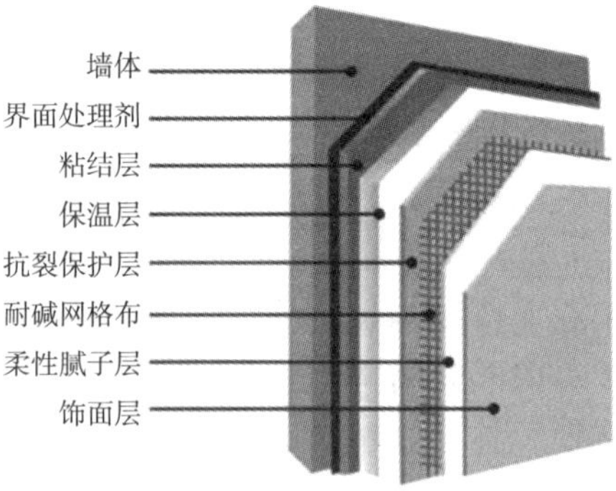

（b）内保温

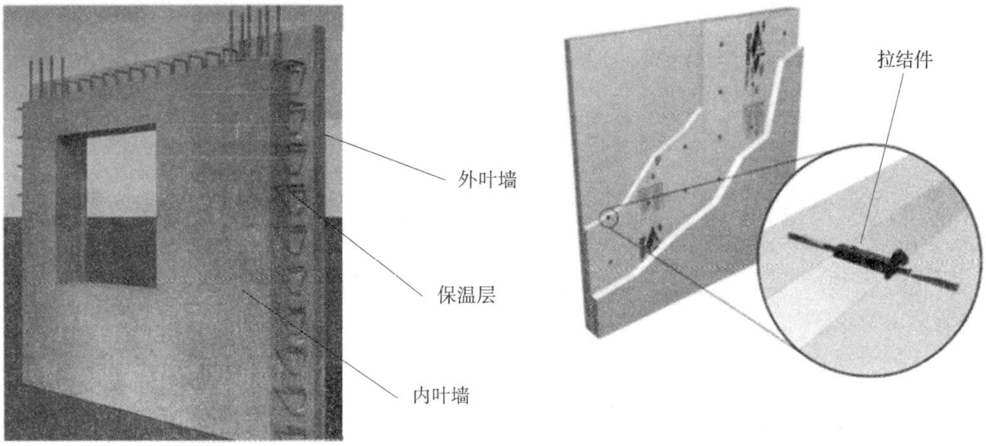

（c）夹芯保温

图 1–9　常见外墙保温构造示意图

外墙外保温是指将保温材料设置在外墙外表面，在隔声、防火防潮、保温隔热等方面均具有较佳性能。目前，北京市装配式剪力墙结构一般采用薄抹灰外墙外保温技术，由墙体、保温层、饰面和固定材料（胶粘剂、锚固件）等构成。典型的外墙外保温系统如图 1–10 所示。

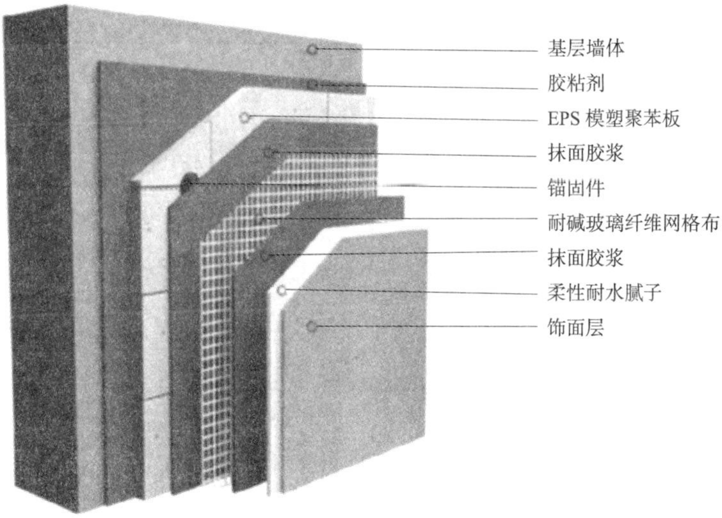

图 1–10　薄抹灰外墙外保温系统

预制混凝土夹芯保温外墙板（以下简称夹芯保温外墙板）是指把保温材料夹在两层混凝土墙板之间形成的复合墙板，一般由内叶墙、保温板、拉结件和外叶墙组成，形成类似于“三明治”的构造形式。内叶墙为结构墙，起到承重及抗震抗风的作用，外叶墙为非结构墙，起到保护保温板的作用，保温板同时具有耐火保温的作用，拉结件一般采用 FRP 高强复合材料或不锈钢制成，起到拉结内叶墙、保温板和外叶墙的作用。典型夹芯保温外墙板构造示意图如图 1–11 所示。

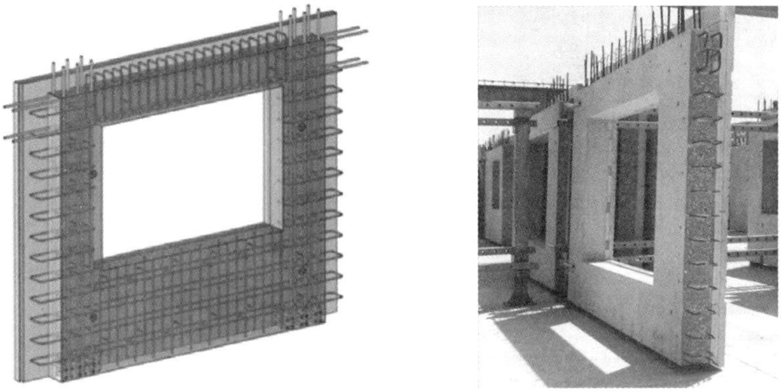

（a）构造示意图　　（b）部品照片

图 1-11　夹芯保温外墙板构造示意图

2. 装配式框架结构

装配式框架结构外围护系统主要有幕墙体系、外挂式外墙系统和内嵌式外墙系统。

（1）幕墙体系。

幕墙体系根据建造材料和连接构造的不同，主要分为玻璃幕墙、金属幕墙和人造板材幕墙（图 1-12）。玻璃幕墙主要分为明框玻璃幕墙、隐框（含半隐框）玻璃幕墙、吊挂式全玻璃幕墙和点支式全玻璃幕墙四种类型，目前隐框玻璃幕墙仍是玻璃幕墙发展的主流。

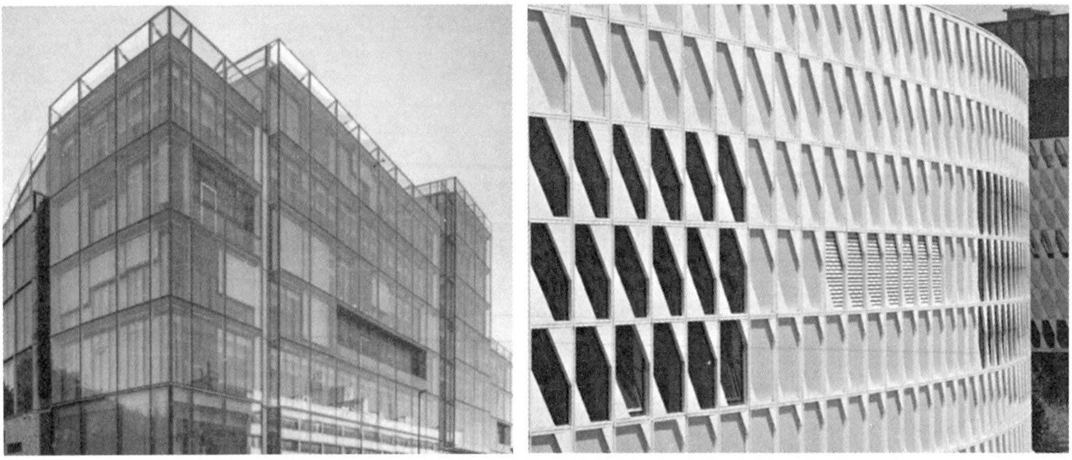

（a）玻璃幕墙　　（b）金属幕墙

图 1-12　幕墙体系

金属幕墙中以铝板幕墙为主，铝板幕墙有着良好的屏护、装饰以及美观效果，并且造价适中，铝合金单板易加工成弧形及多折边或锐角，能较好适应外墙装饰的变化需要，铝板幕墙的应用越来越广泛。

人造板材幕墙中以预制 UHPC 板为主，多应用于办公楼或学校的外围护系统。其他人造板材幕墙包含陶板、水泥纤维板、ECP 板（清水混凝土中空板）等，人造板材幕墙可实现的立面效果丰富多变，可广泛应用于商业、办公、学校等建筑。

（2）外挂式外墙系统。

外挂式外墙系统目前应用较多的是预制混凝土夹芯保温外挂墙板（以下简称夹芯保温外挂墙板，图 1–13）。夹芯保温外挂墙板作为一种集围护、装饰、防水、保温于一体的装配式外围护构件，具有工厂化生产、装配化施工的显著特点和安装速度快、现场用工少、无湿作业、质量可控、耐久性好、便于养护维修的诸多优势，在欧美及日本等国家和地区得到了广泛的应用，近年来在国内工程中的应用也日益增多。

（a）某外挂墙板项目 1　　（b）某外挂墙板项目 2

图 1–13　典型公共建筑夹芯保温外挂墙板应用

夹芯保温外挂墙板对设计、加工、施工的要求相对较高，根据支承系统形式，外挂墙板可分为点支承外挂墙板和线支承外挂墙板，点支承外挂墙板又可分为平移式外挂墙板和旋转式外挂墙板。夹芯保温外挂墙板构造如图 1–14 所示。

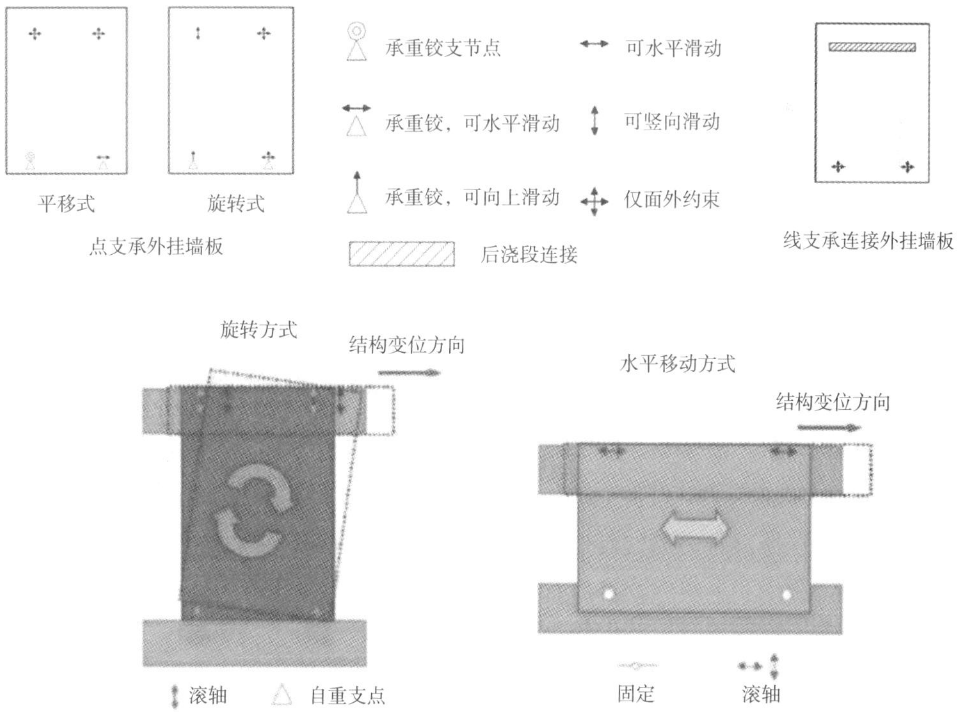

图 1–14　夹芯保温外挂墙板构造

（3）内嵌式外墙系统。

内嵌式外墙系统主要有“内嵌轻质板材 + 外保温”和“内嵌轻质板材 + 保温装饰一体板”两类做法，此两类做法目前在装配式框架结构外围护系统应用广泛。

“内嵌轻质板材 + 外保温”做法是将轻质板材嵌挂于装配式框架结构上下相邻层梁板之间，然后进行外墙外保温施工。内嵌轻质板材常见的是蒸压加气混凝土板材等，外墙外保温做法与剪力墙结构外保温做法基本相同。

“内嵌轻质板材 + 保温装饰一体板”做法是在完成内嵌轻质板材施工安装后，在轻质板材外侧外挂保温装饰一体板（图 1–15）。

图 1–15　内嵌轻质板材（AAC 板）+ 外挂保温装饰一体板系统

1.2.3　内装与设备管线系统

内装系统由楼地面、墙面、轻质隔墙、吊顶、内门窗、厨房和卫生间等组成。这些部分需要考虑建筑物的整体设计和用户需求，采用一体化设计，以提高空间的利用率和居住的舒适度。内装系统可以采用不同的材料和工艺，以满足不同的需求。内装系统采用工业化生产方式，将墙体、地面、吊顶、门窗等部分进行一体化设计，以提高空间的利用率和居住的舒适度。内装系统可以采用不同的材料和工艺，以满足不同的需求。装配式内装主要包括装配式内隔墙和墙面系统、装配式吊顶系统、装配式楼地面系统、集成厨房系统、集成卫生间系统、内门窗体系和整体收纳体系等部分。

1. 装配式内隔墙和墙面系统

装配式内隔墙主要是指室内起到分隔空间作用的非承重墙体，常见的有龙骨隔墙、板材隔墙和模块化隔墙。龙骨隔墙以轻钢龙骨隔墙为主，轻钢龙骨是以冷轧钢板（带）、镀锌钢板（带）等为原料，采用冷弯工艺生产的薄壁型钢。轻钢龙骨内隔墙是采用轻钢龙骨框架为骨架，按需选择板材为面材制作的内隔墙。板材隔墙主要是采用轻质材料或大孔洞轻型构造制作的，用于非承重内隔墙。轻质板材隔墙包含空心板材、实心板材、复合夹芯板材。板材隔墙为用轻质板材组装的非承重内隔墙。模块化隔墙是在工厂生产的建筑用非承重墙体，由龙骨框架、保温和隔热内填充材料、两侧覆面板构成。典型装配式内隔墙构造如图 1–16 所示。

图 1–16　典型装配式内隔墙构造示意图

装配式墙面系统主要是在既有结构墙或轻质隔墙等基层墙体表面设置的，采用工厂制造、干式工法现场安装而成的具有装饰效果的集成化墙面，通常采用龙骨干挂或粘结固定等干式工法进行安装。常见装配式墙面连接形式有横龙骨连接、竖龙骨连接、点调平连接和点粘接式连接四种。装配式墙面的墙板可选用不带饰面的基层板，然后在基层板上添加装饰面，也可以选择集成装饰面层的装饰墙板，装饰墙板由基材和饰面层构成，按照装饰墙板基材不同可分为金属墙面板、有机墙面板、无机墙面板、复合基材墙面板等四大类。典型装配式墙面构造如图 1–17 所示。

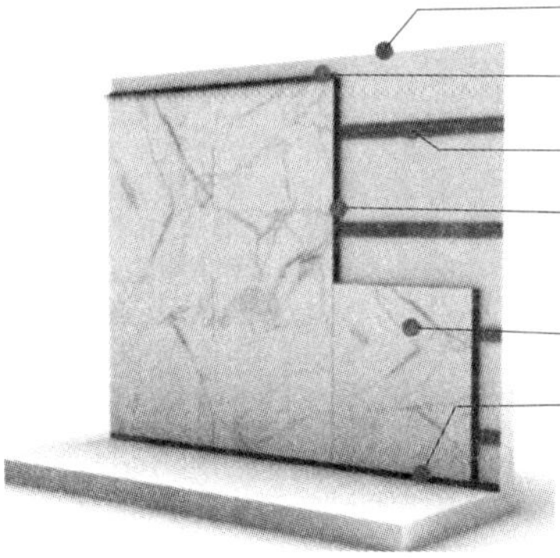

图 1–17　典型装配式墙面构造示意图

2. 装配式吊顶系统

装配式吊顶系统是指在结构楼板下设置的，采用工厂制造、干式工法现场安装而成的吊顶，吊顶和结构楼板之间的架空层可敷设管线，满足管线分离的需求。通常由设备管线、龙骨和吊顶板（或软膜）等部分组成。按照吊顶龙骨类型可以分为木龙骨吊顶和轻钢龙骨吊顶两大类；按照吊顶板面层处理分为无饰面吊顶和自饰面吊顶，其中无饰面吊顶常见的为石膏板封板后进行涂装，自饰面吊顶有石膏板吊顶、金属板吊顶和其他无机板吊顶，此外，软膜天花作为一种新型装配式吊顶材料也逐渐被广泛应用。装配式吊顶采用轻钢龙骨体系，内部空间敷设电气管线、安装灯具、设备等，可以实现管线与主体结构的分离，现场全干法施工，在安装设备处设置检修口，便于设备管线检查与维护，当采用软膜天花时，软膜天花根据现场尺寸在工厂加工成型。典型装配式吊顶构造如图 1–18 所示。

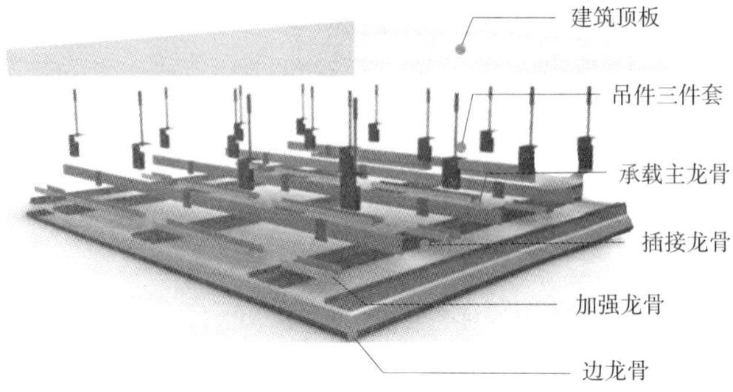

图 1–18 典型装配式吊顶构造示意图

3. 装配式楼地面系统

装配式楼地面系统是在结构楼板上设置的架空楼地面、非架空干铺楼地面或其他采用工厂制造、干式工法现场安装而成的地面产品，通常分为有架空和无架空两种形式。无架空地面系统通常由找平层（自流平等）、复合地暖层（有地暖系统）和地面面层组成；有架空地面系统通常由架空层（地脚支撑或找平层）、地暖层（有地暖系统）和地面面层组成。其中，架空地面基层主要由基层板、平衡板和地暖层（如有地暖）三部分组成，管线设备可以布置于架空层内。有架空地面体系按有无地暖可以分为无采暖和有采暖两大类，其中常用的有采暖架空地面体系分为集成模块架空地面系统和分层架空地面系统两种。不同厂家提供的架空体系规格各不相同，其架空高度根据架空层内敷设管线厚度、架空模块厚度、饰面材料材质决定。装配式楼地面系统可采用架空楼地面、非架空干铺楼地面或其他干式工法施工的楼地面，可与供暖、电气、给排水、新风等系统的管线进行集成设计建造，在与地面辐射供暖、供冷系统结合设置时，通常选用模块式集成部品。架空层内可以自由排管布线，解决了内装修管道线路横向设置的难题，更加便于管线的后期维修更换。此外，空腔内还可以增设保温材料，使房间更隔音、保温、防潮。典型装配式地面构造如图 1–19 所示。

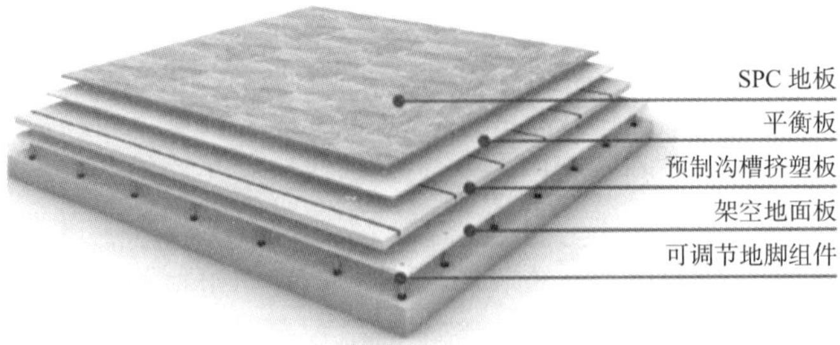

图 1–19 典型装配式地面构造示意图

4. 集成厨房系统

集成厨房系统是指将厨房的地面、墙面、吊顶、橱柜和厨房设备及管线等进行集成设计，在工厂生产，并在现场主要采用干式工法装配而成的厨房。主要包含厨房墙面、地面、吊顶、柜体、台面以及厨房设备管线部分，管线设备与墙、顶、地板集成设计，集中设置，合理定位，统一安装。集成厨房强调功能性与集成性的统一，采用标准化的部品部件，与主体结构一体化设计，管线合理定位、集中设置。“整体”的含义是指整体配置、整体设计、整体施工装修。“系统搭配”是指将橱柜、厨具和各种厨用设备按其外观尺寸及使用需求等进行合理布局，实现厨房空间与使用功能一体化。依照家庭成员的身高、色彩偏好、文化修养、烹饪习惯及厨房空间结构，照明结合人体工程学、人体工效学、工程材料学和装饰艺术的原理进行设计。其主要特征有功能设计前置化、空间结构系统化、部品部件一体化。典型集成厨房构造如图 1–20 所示。

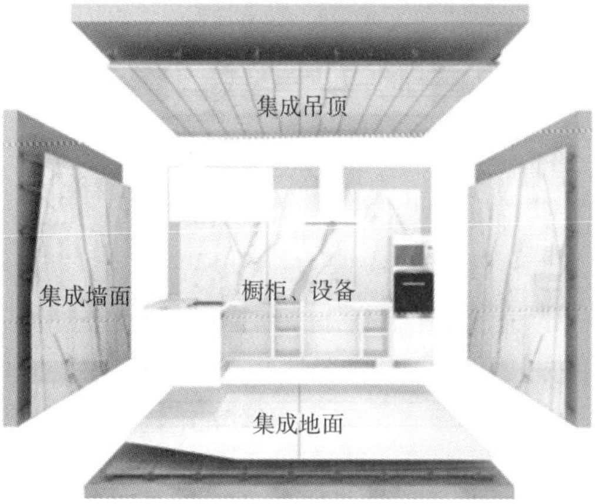

图 1–20　典型集成厨房构造示意图

5. 集成卫生间系统

集成卫生间系统是在有限的空间内实现洗面、淋浴、如厕等多种功能的独立卫生单元，以工厂化生产的方式来提供即装即用的卫生间系统。集成卫生间是由防水盘、壁板、顶板及支撑龙骨构成主体框架，并与各种洁具及功能配件组合而成的通过现场装配或整体吊装进行装配安装的独立卫生间模块。目前，工程中常见装配式卫生间主要有集成式卫生间（图 1–21）和整体卫生间两大类。集成式卫生间的墙面、顶面和地面各部分相对独立，且产品规格尺寸比较自由，可根据现场需要进行定制。而整体卫生间作为一个完整的工厂化部品是具有一定规格尺寸的独立卫生间模块化产品，具有独立主体框架，与周边墙体没有紧密的依附关系，各组成部分之间相互关联性强，从产品的完整性和完成度上更加完备。集成卫生间将产品空间分解成多个单元模块，工厂预制、现场安装，满足客户不同功能和视觉要求。主要单元模块包括集成防水底盘地面、集成墙面、吊顶及配套设备、五金洁具等。所有单元模块均在工厂标准化、工业化生产，可实现高品质低误差，现场装配方式简易快捷，无噪声，无施工垃圾污染。集成卫生间发展至今，材料在不断变革，从最初的单色涂装板和钢板发展为多色彩涂装板、片状模塑料板（SMC 板）和彩钢板，甚至为适应国内市场需求，瓷砖、大理石壁板也已经出现，并已在项目上广泛应用。

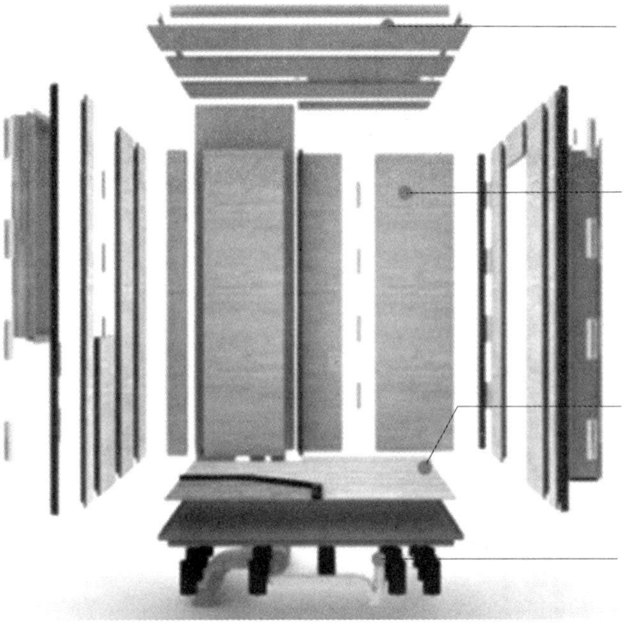

图 1–21　典型集成卫生间构造示意图

6. 内门窗体系

内门窗体系是组成一樘完整的门窗各个子体系的所有材料（包括型材、玻璃、五金、密封胶、胶条、辅助配件及配套纱窗），采用标准化尺寸、工厂化生产，利用专用的加工设备和安装工具，并按照标准的工艺加工和安装的门窗。内门窗体系在设计过程中与建筑、结构等专业集成设计。除了满足最基本的节能、保温、隔音等功能需求外，还应有一定容错容差、调节建筑误差的功能，尽量避免现场加工作业，施工采用标准化施工工艺，完成品质有保障。

7. 整体收纳系统

整体收纳系统是由工厂生产、现场装配，满足不同功能空间分类储藏要求的基本单元，是模块化的部品。在设计上结合建筑功能空间需要进行布置，并按功能要求对收纳物品种类和数量进行设计。通常采用标准化、模块化设计，设计过程中要与部品厂家协调，满足土建净尺寸和预留设备及管线接口的安装位置要求，同时还要考虑这些模块化部品的后期运维问题，既能为使用者提供更多样化的选择，又具有环保节能、质量好、品质高等优点。

8. 设备与管线系统

设备与管线系统为给水排水、供暖通风空调、电气和智能化、燃气等专业的设备与管线，通过系统集成满足建筑使用功能、保障室内环境要求。与各专业相协调，通过管线集成设计符合各专业之间、各设备与管线间的安装施工、使用维护等功能要求。管线分离的判断标准为与结构支撑体分离，管线检修更新时不需要破坏结构体、拆除建筑及装修的管线布置方式，如裸露敷设、地面架空层、吊顶内、装修龙骨的空腔内的管线认定为管线分离（图 1–22）。管线分离的主要目的在于增加用户对使用空间的自主权，提高建筑空间的自由度与灵活性，便于后期管线的更新维护。

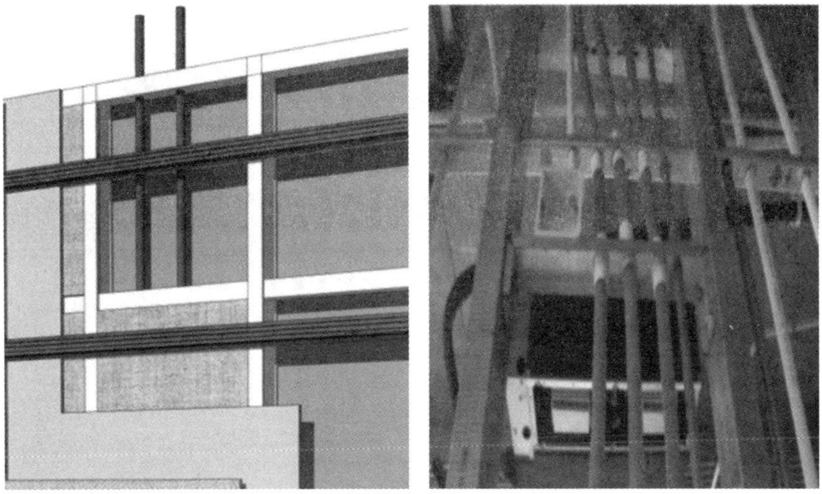

图 1–22　装配式建筑内隔墙管线分离

1.3　北京市装配式建筑系统集成发展概述

从北京市装配式建筑四大系统实施情况来看，主体结构系统主要采用：装配式剪力墙结构体系、装配式混凝土框架结构体系、装配式钢结构体系等；外围护系统主要采用：夹芯保温外墙板、预制外墙板 + 外保温、预制混凝土外挂墙板（以下简称外挂墙板）、蒸压加气混凝土板材（以下简称 AAC 板材）+ 外保温、AAC 板材 + 保温装饰一体板、幕墙体系等；内装系统主要应用的技术包括：装配式内隔墙（包括 AAC 板材、轻钢龙骨隔墙等）、装配式贴面墙、集成吊顶、干式工法楼地面、集成（整体）卫生间、集成厨房等；设备与管线系统主要应用的技术包括：给排水管线分离、供暖管线分离、电气管线分离等（表 1–3）。

表 1–3　北京市装配式建筑四大系统实施情况

系统	居住建筑	公共建筑	工业建筑
主体结构系统	装配式剪力墙结构体系、装配式钢结构体系等	装配式混凝土框架结构体系、装配式钢结构体系等	装配式钢结构体系、装配式混凝土框架结构体系等
外围护系统	夹芯保温外墙板、预制外墙板 + 外保温、AAC 板材 + 外保温等	幕墙体系、AAC 板材 + 外保温、AAC 板材 + 保温装饰一体板、外挂墙板等	AAC 板材 + 外保温、外挂墙板、金属夹芯复合板、彩钢板等
内装系统	装配式内隔墙、装配式贴面墙、集成吊顶、干式工法楼地面、集成（整体）卫生间、集成厨房等	装配式内隔墙、集成吊顶、干式工法楼地面、集成卫生间等	装配式内隔墙、集成吊顶、集成卫生间等

表 1-3（续）

系统	居住建筑	公共建筑	工业建筑
设备与管线系统	给排水管线分离、供暖管线分离、电气管线分离等	给排水管线分离、供暖管线分离、电气管线分离等	给排水管线分离、供暖管线分离、电气管线分离等

从目前实施情况来看，北京市居住建筑的主体结构主要采用装配式剪力墙结构体系，外围护系统主要采用预制外墙板 + 外保温、夹芯保温外墙板、AAC 板材 + 外保温等；采用的装配式内隔墙主要为 AAC 板材和轻钢龙骨隔墙等。保障性住房项目和高标准商品住宅项目装配式装修技术应用较多，系统集成程度较高，在一般房地产开发项目中的厨房、卫生间采用装配式装修也较为普遍，但是系统集成程度相对不高。

北京市公共建筑主体结构通常根据建筑平立面的规则程度不同，选择不同的结构体系，比较规则的建筑类型通常优先采用装配式混凝土框架结构体系，不规则的建筑类型通常采用装配式钢结构体系。外围护系统中，建筑幕墙、AAC 板材 + 外保温集成技术的应用比例较高，AAC 板材 + 保温装饰一体板、外挂墙板等外围护体系也有一定应用。对于内隔墙，主要采用 AAC 板材和轻钢龙骨隔墙两大类。与居住建筑相比，公共建筑装配式装修的应用程度相对偏低。其中，应用比例最高的技术是集成吊顶，干式工法楼地面、集成卫生间也有一定应用。公共建筑中管线分离技术的应用比例较高，其中电气管线分离难度最大，应用比例最低。

北京市工业建筑的主体结构大部分采用装配式钢结构体系，少部分采用装配式混凝土结构体系。大部分装配式混凝土结构项目中的柱、墙主要采用现浇混凝土，装配化程度偏低。外围护系统方面，混凝土结构多采用 AAC 板材 + 外保温、外挂墙板等较重的外围护系统；钢结构则更倾向于金属夹芯复合板、彩钢板等轻质外围护系统。内隔墙方面，工业建筑中应用最多的仍是 AAC 板材隔墙。装修和设备管线方面，工业建筑装配式内装应用很少，大部分采用了给排水管线分离、电气管线分离和供暖管线分离。

北京市装配式农宅的主体结构采用钢结构形式较多，外围护墙、内隔墙、屋面板主要采用 AAC 板材和聚苯颗粒水泥复合墙板，部分项目采用干式地暖模块等技术。

总体来说，北京市装配式建筑系统集成程度在逐年提升，各类装配式集成技术逐步趋于成熟，部品部件集成度越来越高，加工和施工难度逐步下降，工业化建造方式迭代创新优化，集成技术水平和用户体验逐年上升。但在以下两方面仍需进一步提升：

1. 部品部件集成度

北京市部品部件的集成度仍有较大提升空间。建筑平面、立面、构件和部品部件、接口标准等结合程度不足，全产业链关键技术系统集成度偏低。以主体结构为例，结构构件与保温、门窗、外饰面、设备、管线、内装的集成偏少，仍需在主体结构完成后再进行保温、门窗、外饰面等工序，内装施工大多在主体结构封顶后进行，主体结构和管线分离率较低，现场用工量偏大，施工效率难以提升。

装配式建筑实施过程中应优先选择集成度高的部品部件，如居住建筑中外围护系统可优先选择围护墙与保温装饰一体化的夹芯保温外墙板等部品部件，内装系统中的内隔墙可优先选择轻钢龙骨隔墙或复合集成墙体，实现内隔墙与管线、装修一体化。

2. 系统集成方案选型的合理性

居住建筑、公共建筑、工业建筑、农宅等不同类型的建筑，其适宜推广的装配式建筑系统集成方案不同，部分项目在集成方案策划及建筑设计时未结合建筑特点、使用需求等进行装配式系统集成方案选型，而是以满足评价标准的基本要求为出发点选用系统集成方案，难以提质增效和提升用户使用体验。

不同类型建筑应根据装配式建筑评价等级、建筑特点和使用功能等选择适宜的装配式技术，匹配合理的系统集成方案。

2　装配式建筑系统集成原则及提升方向

2.1　装配式建筑系统集成原则

2.1.1　标准化原则

装配式建筑由主体结构系统、外围护系统、设备与管线系统、内装系统四大系统组成。这四大系统在功能上相互独立，在实际应用中相互依赖，共同协作以确保建筑的整体性能。每个系统下包含多个子系统，以实现更高效的设计和施工；每个子系统又可进一步分解为模块单元，如部品模块和产品模块。

装配式建筑在满足建筑使用功能和性能的前提下，采用模数化、标准化、集成化设计，有利于装配式建筑更好地进行系统集成。采用模数化、标准化、集成化设计，践行“少规格、多组合”的设计原则，将建筑的各种构配件、部品和构造连接技术实行模块化组合与标准化设计，建立合理、可靠、可行的建筑技术通用体系，实现建筑的装配化建造。设计中应遵守模数协调的原则，做到建筑与部品模数协调、部品之间模数协调以实现建筑与部品的模块化设计。各类模块在模数协调原则下做到一体化；采用标准化设计，将建筑部品部件模块按功能属性组合成标准单元，部品部件之间采用标准化接口，形成多层级的功能模块组合系统；采用集成化设计，将主体结构系统、外围护系统、设备与管线系统和内装系统进行优化设计与系统集成。

2.1.2　整体性原则

装配式建筑系统的整体集成原则主要体现在全专业集成和全过程集成。

1. 全专业集成

装配式建筑强调全专业的一体化协同设计，是以装配式建造方式为基础，统筹四大系统并实现四大系统一体化的设计过程。装配式建筑的系统集成设计，是以建筑为“产品”的理念，以工业化建造方式为指导，以信息化技术为手段，以建筑形式与功能为核心，以建筑主体结构系统为基础，整合外围护系统、设备与管线系统和内装系统，实现其系统的体系化集成。各系统设计应统筹考虑材料性能、使用寿命、加工工艺、运输限制、吊装能力以及各系统功能协调、部品部件的通用互换性等要求，提高集成度、施工精度和效率。以模数化、标准化为基础，将四大系统进行合理集成设计，才能体现装配式建筑建造的优势，实现提高质量、提升效率、减少人工、减少浪费的目的。

2. 全过程集成

装配式建筑应实现策划、设计、生产、施工、运维等多个环节的全过程集成，各个环节应从集成的目标出发统筹其他各环节。在项目实施过程中，设计单位、部品部件生产企业和施工建造单位应协同配合，以装配式建筑为一个完整的具有一定功能的建筑产品为基本出发点，将装配式建筑提升为一个系统工程，并以装配化建造方式为基本手段，以先进的工业化、信息化、智能化技术为支撑，采用标准化的功能模块、部品部件等信息库，统一编码、统一规则，全专业、全过程共享数据信息，使策划、设计、生产、施工、运维等环节形成一套完整的协作机制和工作流程，通过技术集成和管理集成提升建筑价值，全面发挥装配式建筑的优势。

2.1.3 差异化原则

装配式建筑系统集成细分到各类建筑，集成原则有显著不同，因此针对不同的建筑类型，应采用差异化的系统集成方案。

装配式居住建筑系统集成以提升居住体验、节能减碳、提质增效为主要原则。首先，坚持以人民为中心的思想，提升住户居住体验是居住建筑推广装配式集成技术的首要原则。建筑是为人服务的，只有住户拥有良好的居住体验、住户满意，装配式建筑才算是成功的建筑。居住建筑做到空间可变性、可持续更新、多世代居住等，达到提升住户居住体验、最终实现“好房子”目标是居住建筑推广装配式集成技术的首要原则。其次，装配式居住建筑应满足各种生态绿色环保技术与四大系统的集成需求。建筑建设期间不破坏环境基本生态平衡，建筑使用期间消耗的物质和能源明显少于传统建筑已成为“好房子”的首要需求。我国的建筑能耗约占全国总能量消耗的四分之一，高居能耗首位，而居住建筑建设规模大，节能减碳需求相对较高；装配式居住建筑应对环境无害，充分利用自然资源，并与自然和谐共生。最后，提质增效是实施装配式建筑的初衷和目标。居住建筑的质量涉及成千上万的住户，高效施工是装配式集成技术的优势和目的。通过各类装配式集成技术，提升建筑质量、提高建筑耐久性的同时，减少施工现场劳动力、缩短施工周期、提高施工效率，真正发挥装配式建筑的优势，促进装配式集成技术的发展。

装配式公共建筑系统集成以满足建筑使用需求（如功能可变性需求、管线检修便利需求），提升外围护安全性、适用性、耐久性，提高施工效率为主要原则。随着社会发展，公共建筑功能逐渐呈现多元化，按使用需求可划分为办公、商业、教育、医疗卫生等建筑类型，是满足人们各项社会活动需求的重要建筑，因此满足建筑使用功能和人们各项社会活动需求是公共建筑集成技术的重要原则。大部分公共建筑存在规模大、功能多元化、造型复杂等特点。因此装配式公共建筑应在满足空间、性能与美学需求的同时，提高外围护系统、内装系统的技术集成与部品集成水平，充分发挥装配式建筑工业化优势，提高建筑工程施工效率。

装配式工业建筑系统集成以提质增效、降低施工难度、控制施工成本、满足建筑使用需求等为主要原则。工业建筑平面布置相对简单，立面比较规则，但内部常有大空间、大净高、大荷载、特殊生产工艺要求，这些要求通常会导致施工难度加大，施工成本增加。在工业建筑中，利用装配式的工业化效果，降低施工难度、提升施工质量、缩短施工周期是工业建筑实施装配式的首要原则。

装配式农宅系统集成以提升居住体验、保证外围护耐久性、控制建设成本为主要原则。

2.2 装配式建筑系统集成发展需求

2.2.1 主体结构系统发展需求

主体结构系统是建筑外围护系统、内装与设备管线系统依附的基础。据统计，2019 年我国新建建筑面积为 23.5 亿 m^2，其中钢筋混凝土结构占比为 77.4%，钢结构占比为 9.6%，砌体结构占比为 13%，目前，钢筋混凝土结构是我国新建建筑的主流结构类型，其占比从 2000 年的 51.7% 不断提升到 2019 年的 77.4%。随着建筑业正在由传统的“粗放型”向“集约型”转变，主体结构需由手工建造的传统模式转向以工厂制造为主要手段的现代化工业生产模式。从建筑工程建造生产方式的演变上来看，工具化、预制化、模块化、集成化是主体结构系统建造方式的发展方向。主体结构系统现浇建造方式见图 2–1。

（a）模板工程

（b）钢筋工程

（c）施工外架

（d）高空作业

图 2–1 主体结构系统现浇建造方式

2.2.2 外围护系统发展需求

目前，我国居住建筑普遍采用剪力墙结构，结构外墙兼作外围护系统的基层墙体；非居住建筑如办公建筑、工业建筑、教育建筑等普遍采用框架结构满足内部大空间需求，其围护系统需在主体结构系统的基础上进行施工。

随着从业人员结构变化、人民群众对“好房子”的需求日益增加及建筑领域低碳发展的时代要求，建筑外围护系统面临以下发展需求：

1. 提升现场工业化建造水平，实现围护墙与保温、装饰一体化建造

外围护系统集保温、隔热、隔声、防水、防潮等功能层于一体，其建造方式直接影响外围护系统的使用性能。采用传统建造方式施工时，各功能层需在主体结构系统完工后，在高空作业环境下逐层复合形成整体外围护系统，高空作业量大（图 2–2），工人操作难度大，质量监管难度大，影响外围护系统的品质和耐久性。亟须通过外围护产品创新和施工技术创新，实现外围护系统的现场工业化建造，提升工业化外围护系统部品部件的应用比例，减少外架施工和高空作业，改善施工环境，实现围护墙与保温、装饰一体化高效集成建造。

图 2–2 外围护系统高空作业

2. 提升饰面耐久性及品质，降低维护成本

外围护系统饰面品质直接影响建筑外立面效果和社区品质，饰面及基层直接暴露在太阳直射、雨水及温度变化中，传统外围护系统的饰面及基层寿命普遍在 20 ~ 25 年，而建筑的设计寿命通常可达 50 ~ 100 年，传统外围护系统在建筑使用寿命期间内需多次翻修，工程量大（图 2–3）。外立面改造也是城市更新及老旧小区改造的基础性工作，据统计，到“十四五”后期即 2025 年前，全国需完成 17 万个老旧小区改造，其中 2000 年前老旧居住小区建筑面积约为 40 亿 m^2，而基础类的改造平均成本约每平方米 300 元，按 40 亿 m^2 待改造面积测算，预计全国老旧小区基础设施改造需投入 1.2 万亿元。随着我国建设高峰期的存量建筑外围护系统的饰面及基层陆续达到 20 年使用年限，老旧小区改造资金需求将进一步增加，而目前老旧小区改造资金主要由政府承担，政府财政资金筹措压力大。同时，传统外围护系统基层耐久性有限，在进行饰面更新时需对基层进行翻新，现场施工作业工序多、工期长、对居民生活影响大，是老旧小区改造过程中主要的扰民问题之一，影响了人民群众在老旧小区改造这一民生工程中的获得感和幸福感。基于现状，亟须发展高耐久性的外围护产品，系统提升新建建筑外围护系统的耐久性和立面品质，实现饰面、基层与主体结构同寿命，降低后期使用阶段的维护成本及维修难度、外围护系统全寿命周期成本和政府未来财政压力，减少后期使用阶段因外围护系统更新对人民群众正常生活的干扰。

（a）饰面耐久性欠佳　　（b）外立面更新改造施工

图 2–3　外围护系统饰面问题及更新改造

3. 提升系统性能，降低使用阶段能耗及碳排放

目前，我国是全球既有建筑保有量和年新建建筑量最大的国家，我国建筑全过程能耗总量和碳排放总量占总能耗和总碳排放量的比例高达 50% 左右。研究显示，居住建筑和公共建筑中，外围护系统传热能耗占建筑能耗的比例在 42% ~ 48% 和 8% ~ 25%［图 2–4（a）］，提升外围护系统性能是实现超低能耗、近零能耗建筑的关键路径，是我国实现建筑节能和“双碳”目标的重要途径。外围护系统性能的提升主要通过增加保温层厚度和使用高性能保温材料实现，如北京地区超低能耗住宅保温层厚度普遍在 200mm 以上，超厚保温层将对外围护系统的受力性能和连接质量提出新的要求［图 2–4（b）］。

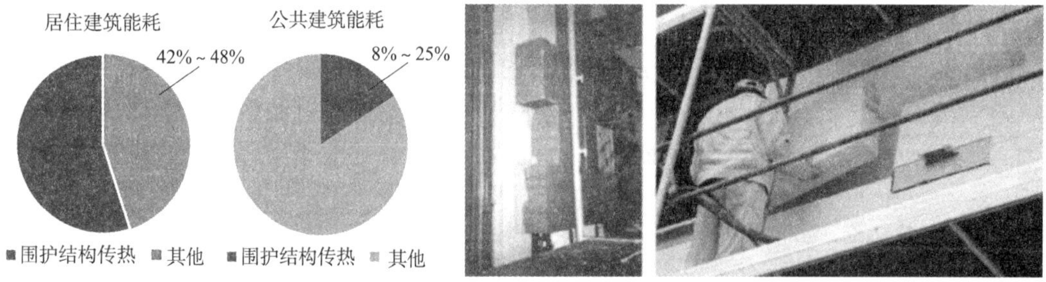

（a）外围护系统传热　　（b）超低能耗建筑采用的超厚保温层

图 2–4　外围护系统性能提升需求

2.2.3 内装与设备管线系统发展需求

内装系统由楼地面、墙面、轻质隔墙、吊顶、内门窗、厨房和卫生间等组成，设备管线系统由给水排水、供暖通风空调、电气和智能化、燃气等设备与管线组合而成，内装与设备管线系统与居民的日常生活息息相关，直接影响居民的居住舒适度。一般来说，主体结构系统的寿命为 70 年，据统计，我国居住建筑的装修周期为 10 ~ 15 年，即在居住建筑主体结构全寿命周期内将进行 4 ~ 7 次装修，在建筑全寿命周期内内装与设备管线系统的资金投入、人力投入和资源消耗明显高于主体结构系统。目前，我国建筑内装与设备管线系统面临以下发展需求：

1. 减少装修对主体结构的破坏

长期以来，我国建筑设备管线预埋在主体结构中或开槽现场湿作业敷设（图 2-5），在建筑全寿命周期维修、更换和改造难度大，重新装修或改造时容易对主体结构造成破坏。

（a）电管铺设　　（b）水管预埋

图 2-5 现有装修对主体结构的影响

近年来，我国因装修私自拆改引发主体结构质量安全的案例层出不穷（图 2-6），业主在房屋装修过程中擅自拆除承重墙，导致其楼上房屋出现墙体开裂、楼板下挠变形等问题。亟须通过模式创新和技术创新，避免现有装修施工对主体结构的破坏，实现分散装修的高效监管，保障既有建筑的结构安全。

（a）某小区业主私自改造　　（b）开槽截断受力钢筋

图 2-6 装修对主体结构破坏典型案例

2. 降低装修影响，减少邻里矛盾

现有装修方式需在现场进场大量开槽作业和拆除施工，产生大量噪声污染。近年来因为噪声的起诉屡见不鲜，相关数据显示，2018 年全国近 2/3 的城市居民生活于噪声环境中，全国共收到约 55 万件有关环境噪声的投诉，占投诉总数量的 35.3%，其中，占比例最大的是建筑施工噪声，达 46.1%。噪声污染不仅影响周边整体声环境，而且对人们的身心健康、工作效率及夜间休息产生巨大危害。有研究表明，在 70dB（A）以上噪声环境工作时，效率会降低 10%，还可能产生抑郁、焦虑、烦躁、对立情绪等。此外，装修施工噪声严重损害了施工工人的听力健康，噪声性听力损失仍是建筑工人的头号职业病。因此，装修噪声的影响不论从数量上还是危害程度都不容小觑，亟须通过设计理念创新和新技术应用从根源上解决装修扰民的问题，减少基层政府日常工作协调难度，促进和谐社会建设。

3. 系统提升防水性能，提升居住体验

传统装修方式存在非标准、难复制的问题（图 2–7），特别是厨卫防水施工依靠工人现场手工作业，较少采用模块化防水产品，仅依靠防水材料现场施工形成防水构造，施工质量受工人操作水平影响大，且防水材料耐久性不足，形成渗漏风险。此外，传统装修方式在施工过程中容易对主体结构产生破坏，破坏结构自防水性能，加剧了渗漏风险。根据中国建筑防水协会发布“2013 年全国建筑渗漏状况调查项目报告”显示，我国各大主要城市中的建筑屋面渗漏率高达 95.33%，其中调研住户样本 3674 个，出现渗漏 1377 户，渗漏率达 37.48%。随着社会经济的快速发展，城市规模不断扩大，为了满足与日俱增的房屋需求量，各种类型的住宅建筑加快了修建和装修的速度，无形中为建筑质量埋下了隐患。房屋渗漏不仅会破坏整个家居环境，而且具有很大的安全隐患，波及范围较广，容易造成邻里不和，严重影响社会治安。随着工业化进程的推进，亟须通过产品创新和系统集成，增加装修领域标准化、模块化防水产品的市场供应，改变传统单纯依靠人工现场防水施工的现状，系统提升厨卫防水性能，减少因渗漏产生的损失，促进邻里和谐，提升居民居住体验。

（a）防水施工

（b）渗漏隐患

图 2–7　传统装修防水施工及质量隐患

4. 提升检修维护便利性

在传统建造方式中，通常将设备管线预埋在现浇混凝土结构中，使用寿命 10 ~ 20 年的设备管线与设计寿命 50 年甚至更长的主体结构被混合建造在一起（图 2-8）。当设备管线老化时，预埋在结构中的设备管线难以改造更新。检修更换管线要剔凿建筑主体结构，甚至干脆拆除重建，不仅产生施工噪声和建筑垃圾，更带来结构安全隐患，这都严重影响了建筑正常使用，增加了维护成本，缩短了建筑寿命。亟须统筹设计和后期运维，将模块化思维融入内装与设备管线系统，提前预留检修和维护接口，使得安装、检修、维护等过程简单化、人性化，降低维护难度，提高内装与设备管线系统寿命。

（a）管道维护　　　　（b）地砖更换

图 2-8　传统装修维护

5. 减少装修垃圾，实现资源重复利用

我国每年建筑垃圾的排放量高达数亿吨（图 2-9），占城市垃圾总量的 30% ~ 40%，仅装修平均每户因拆改产生的建筑垃圾就有 1.5 ~ 2t，大部分装修垃圾没有适当的处理

图 2-9　传统装修拆改带来的建筑垃圾

方法，最终被填埋和倾倒，粗放式的装修垃圾处理方式不仅占用了大量土地资源，造成资源的浪费，还造成环境污染，给生态环境带来了一定的影响。目前建筑装修主要为现场湿作业方式，且大量使用水泥、陶瓷等高资源密度建材，每年 20% ~ 30% 水泥被用作装修中的找平层、粘结剂和用来掩饰管线等，装修改造时只能和饰面一起砸掉，不仅资源能源消耗高，而且手工湿作业方式也难以提高建筑质量、品质。如何合理处置装修垃圾，减少装修垃圾对环境的影响已成为全社会的热点话题。

2.3 装配式建筑系统集成提升方向

2.3.1 主体结构系统提升方向

居住建筑结构形式的选择需考虑建筑使用功能、建造经济性、抗震设防要求以及围护结构选型等因素，因此居住建筑主体结构系统以钢筋混凝土剪力墙结构为主。公共建筑往往具有外立面造型复杂、建筑空间使用功能多变、柱网跨度大、人流量大等特点，工业建筑拥有较大的平面面积和柱网尺寸、常装备有大型机器设备和起重运输设备，因此需要具备较大的开阔空间。基于以上需求，公共建筑以及工业建筑往往采用钢筋混凝土框架或钢框架结构体系。

1. 居住建筑

居住建筑的主体结构形式以钢筋混凝土剪力墙结构为主，提升方向主要包含技术体系，设计、加工、施工方案，构件及连接节点，其中技术体系对居住建筑的提质增效尤为重要。因此，在居住建筑中应用并进一步提升装配式剪力墙结构技术体系的结构可靠性、施工效率、完成质量是居住建筑主体结构系统的重要提升方向。

全预制剪力墙结构是目前市面上应用最广泛的一种结构技术体系，其设计、施工、验收相关的规范与标准成熟完善。近年来，国内部分企业研发并应用了叠合混凝土剪力墙结构体系，这些技术体系在构件加工和施工过程中的操作难度较低，钢筋连接与结构连接节点基于现浇混凝土结构的施工要求，便于我国的建筑工人和管理人员熟悉掌握，质量安全风险小。

在装配式建筑中，推广应用新的结构技术体系可以促进装配式建筑的发展，提高建筑质量和性能，降低成本，促进绿色建筑的发展，并推动建筑行业的创新。同时，装配式剪力墙结构体系应优先考虑与外围护系统的集成，外墙优先采用夹芯保温外墙板等高集成度部件，以提高总体施工效率、提升保温节能性能，达到节能减碳、提质增效的目的，同时大幅度提高建造及使用期间的保温材料防脱落等安全性能。

2. 公共及工业建筑

装配式钢结构以其施工速度快、质量可控、抗震性能优越、环保节能以及适应性强等优点，在现代建筑领域得到了广泛应用，公共及工业建筑中可考虑采用装配式钢结构体系。

当公共建筑及层高不大的低多层工业建筑采用装配式混凝土框架结构时，其主体结构系统的提升方向为：提高预制柱的标准化程度，减轻预制柱重量，避免梁的水平钢筋与柱的竖向钢筋在连接节点处碰撞。例如，可采用空心叠合柱，柱集中配置大直径竖向钢筋，竖向钢筋采用直螺纹套筒连接等。

当层高大的单层大空间工业建筑（如高大工业厂房，物流仓库，冷库等）采用装配式混凝土框架结构时，建议优先推广高效建造技术，即采用现浇混凝土柱、预制梁以及免支模免支撑楼板技术体系进行建造（图 2–10 和图 2–11），该技术致力于解决高支模、施工效率低、成本高等问题。现浇柱可采用大钢模现浇柱、薄壁高强钢管混凝土现浇柱等，预制梁可采用预应力叠合梁、倒 T 梁、空心梁等，免支模免支撑楼板可采用钢筋桁架楼承板、压型钢板楼承板、密肋叠合楼板、预应力楼板等。

图 2–10　免支模免支撑装配式框架建造

（a）传统现浇高空作业　　（b）免模免撑无高空作业

图 2–11　不同建造方式施工对比

与传统建造技术相比，高效建造技术具有以下优势：

（1）减少了支模工序，成本低，施工风险低。工业厂房层高较高、跨度较大、活荷载较大，采用装配式建筑，可有效避免高支模，减少现场作业，降低现场施工风险。

（2）施工速度快，效率高。充分利用了工业建筑布置标准化程度高的优势，并通过预制构件大幅降低现场支模、浇筑的工作量，施工速度快效率高，充分体现装配式建筑优势。同时，避免了高支模，便于交叉施工，从而进一步提高施工效率，缩短施工工期。

（3）构件标准化程度高，节省模板。工业建筑柱网规整，平面、立面变化较少，无特殊的造型要求，因此预制构件标准化程度较高，模具成本较低。许多地区正大规模建设通用厂房，建筑标准化程度逐步提升，通用构件使用率逐年上升，进一步提升了预制构件的标准化程度。

（4）节省人工。采用免支模免支撑技术体系，避免了脚手架的搭设与拆除，现场预制构件采用机械进行安装，极大地降低了劳动力需求。

（5）节约综合成本。采用高效建造技术体系能节约高支模费用，有效减少人工费用，同时与预应力等技术相结合，进一步降低工程造价。预应力预制构件尤其适用于重载、大跨的情况，可有效减少混凝土和钢筋用量，达到良好的经济效果。

在公共、工业建筑等钢筋混凝土框架结构中，应用免支模免支撑高效建造技术体系，实现装配式建造省成本、降工期、节约材料、提质量的综合优势，实现装配式建造的综合效益，可为装配式建筑的发展提供良好的示范作用。

2.3.2 外围护系统提升方向

随着“双碳目标”的确立、城市化进程的加速，政策方面，政府对建筑业的转型升级、工程质量保证和绿色发展的要求逐渐提高，2022 年“十四五”建筑业发展规划明确提出：加快智能建造与新型建筑工业化协同发展，完善工程质量安全保障体系；市场方面，传统建造方式已经难以满足市场需求，业主对建筑品质、居住环境、效率、环保性能的要求越来越高，市场对建筑工业化的需求也越来越大。因此建筑行业面临着转型升级的压力，需要通过技术创新和产业升级提高竞争力。建筑工业化作为一种先进的建筑生产方式，能够提高建筑质量、效率和环保性能，成为建筑行业转型升级的重要方向之一，其中结构保温一体化技术有巨大的发展空间。

建筑结构保温一体化技术是指不需要在建筑外立面另外采取保温措施即可满足现行建筑节能标准要求，实现保温与墙体同寿命的建筑节能技术，该技术具有三个重要技术特征：①建筑墙体保温与主体结构同步施工，即将保温系统与主体结构系统融为一体，保温层外侧有足够厚度的防护层满足防护要求；②施工后结构保温墙体无须再做保温即能满足现行节能标准要求，即实现复合墙体自保温；③能够实现建筑保温与基层墙体同寿命，即保温系统与主体结构的同寿命使用。

建筑结构保温一体化技术可实现墙体保温与结构的同步设计、同步施工和验收，有效解决传统墙体保温开裂、脱落等问题，同时避免了消防安全隐患，从而达到建筑保温与结构同寿命的目标，符合国家建筑节能、墙体改革等建筑工业化政策。建筑结构保温一体化技术是目前建筑节能保温先进技术的代表，也是未来行业发展的方向，上海、重庆、辽宁、江西、四川、河北、山东等多地政府主管部门已开始推广建筑结构保温一体化技术代替传统薄抹灰外墙外保温系统技术。

成本测算表明：在节能率由 65% 提升至 75% 的前提下，建筑结构保温一体化技术可不必设置防火隔离带，也可不另行设置耐火完整性不低于 0.50h 的外墙节能型门窗，避免了设置耐火完整性要求节能门窗带来的增量成本，使得采用建筑结构保温一体化技术的增量成本与传统薄抹灰外墙外保温系统持平，进一步提升了建筑结构保温一体化技术在高节能要求下的成本优势，促使该类技术在寒冷地区得到了广泛应用和发展。

1. 居住建筑

居住建筑的主体结构系统以钢筋混凝土剪力墙结构为主，因此对居住建筑而言，采用夹芯保温外墙板可实现结构保温一体化技术。夹芯保温外墙板集结构、保温、围护性能于一体，实现建筑保温与主体结构同寿命。其优势包括：

（1）质量方面。夹芯保温外墙板工厂生产、现场安装，墙板质量有保障。此外，工厂预制高品质集成部品，内外叶墙板和保温板通过安全系数高的专用拉结件形成整体，耐久性好、品质高，可避免传统薄抹灰外墙外保温施工质量不能得到充分保证的风险，外围护体系使用寿命也随之提高。典型居住建筑外围护系统一体化预制构件方案见图 2–12。

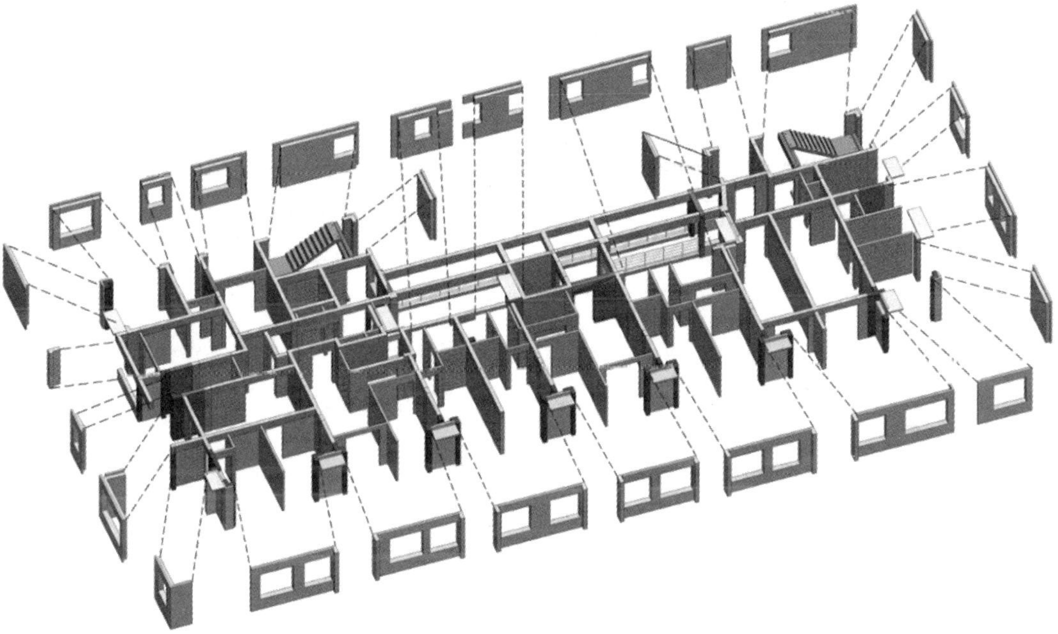

图 2–12　典型居住建筑外围护系统一体化预制构件方案

（2）工期方面。夹芯保温外墙板采用工厂化生产的方式，可以大幅度减少现场作业人工数量，省去了现场测量、安装模板、外立面高空作业等复杂烦琐的工序，可以大大缩短施工周期。

（3）社会效益方面。夹芯保温外墙板不仅具有优良的保温性能，符合建筑节能标准要求，而且采用工厂生产，符合节能减碳的要求，大大降低了污染物的排放。此外，夹芯保温外墙板形成外围护系统的防水性能、保温连续性、耐久性及防火性能优于传统薄抹灰外保温系统，可有效避免外墙饰面层保温层脱落、渗漏、结露等现象的发生，有效降低外墙火灾风险，提高建筑安全性及品质。

因此，可通过进一步提升标准化程度、降低施工难度等手段，进一步推广应用建筑饰面、保温、结构一体化的夹芯保温外墙板。

2. 公共及工业建筑

公共及工业建筑的主体结构系统以钢筋混凝土框架结构或钢框架结构为主，为推进公共及工业建筑的建筑工业化发展，提升建筑节能水准，建议重点发展保温装饰一体化墙板技术，如夹芯保温外挂墙板等。夹芯保温外挂墙板不仅具有夹芯保温外墙板耐久性高、防火性能好、施工方便等优点，工厂预制、现场干式工法连接的安装方式也提高了安装效率，可以大大缩短施工周期。相比于幕墙体系，其保温隔热效果更优，在装饰效果丰富性方面，夹芯保温外挂墙板可以适应各种不同的建筑风格和结构形式，可以满足不同客户的需求。因此，相较于传统的基层墙体复合薄抹灰体系、幕墙体系，夹芯保温外挂墙板在质量、工期和社会效益方面具有显著的综合优势。

应对保温装饰一体化墙板技术的细节进行优化改进。如对夹芯保温外挂墙板，宜进一步优化其材料，在保证受力性能、耐久性能的前提下进一步降低构件重量；如对蒸压加气混凝土一体化墙板，应进一步细化其防水保温措施，保障其水密性和气密性。

2.3.3 内装与设备管线系统提升方向

目前，我国老旧小区面积已接近 40 亿 m^2，居民装修改造意愿强、改造频次高，产业规模巨大。但传统内装修改造存在资源消耗量大、噪声扰民、维护更新困难等问题，且难以在原有体系内通过技术升级解决，亟待通过以装配化建造方式为基础的装修技术与产品体系创新，引领技术与产业变革，从整体上提升居住品质和质量。目前我国装配式装修发展尚处于早期探索阶段，在当前国民经济整体走向高质量发展的变革期，装修产业的发展要与更好地满足人民美好生活的品质需求对照，以创新驱动发展，用科技提升品质，进一步推动装修产业迈向高质量发展。

1. 加强装配式装修全生命周期一体化管理

近年来，国家对传统建筑行业发展提出了更高的要求，而新能源、新材料、信息化等科技的快速应用和发展，会为建筑行业带来新一轮技术变革。装配式装修要以解决现实问题及满足使用需求为出发点，以设计为引领，协调建筑、结构、设备管线和内装等各相关要求，在标准设计、工厂制造、包装运输、现场安装、后期运维等环节融入信息化手段，通过 BIM 技术和大数据平台，促进工业化与信息化融合，提高部品质量、提升装修速度、降低施工难度、优化材料损耗、便于后期维修等，推动装配式装修工业化、数字化、智能化协同发展。

2. 以通用部品技术体系促进产业高质量发展

要想推动装修产业高质量发展，就必须加大供给侧结构性改革力度，不断提升供给的质量和水平。装配式装修产业刚刚起步，以中小企业为主，综合实力还相对较弱，要结合市场需求加强全产业链研发创新力度，加强适用技术产品的研发和推广，通过新体系、新工艺、新部品的不断研发，促进产业协同创新。为实现模数化生产和标准化接口，解决部品的通用性问题，形成高精度标准下的专业化部品部件集群，提高效率，降低成本，发挥产业一体化协同效应。

3. 发挥装配式装修优势逐步拓宽应用领域

目前，装配式装修以各地政府主导的保障性住房、人才公寓、酒店等建筑类型应用为主，商品房项目和既有住宅改造项目应用较少，在宜居农房和既有住宅改造中的应用基本是空白。在建筑业从大量建造到追求功能品质不断提升的过程中，装配式装修是商品住房、宜居农房和既有住宅改造的最佳路径，可实现装完即住的高品质、高效率、低污染、可持续型建筑装配式装修。除了保障性住房、装配式建筑和政府投资的公共建筑外，应不断推广在商品住房、宜居农房和既有住宅改造等领域的应用，促进装修行业的可持续发展。

4. 装配式装修要引领建筑业绿色低碳发展

“双碳”背景下，建筑业的转型发展任务十分艰巨。装配式装修针对传统装修的诸多弊病，将绿色建材应用于装修环节，积极开发和推广新技术，立足于部品部件的工业化生产，使用标准化的部品部件，提高现场装配化程度，减少手工作业，控制有害物质排放，解决传统装修周期长、品质低、室内环境污染超标等问题，加快推动装修行业绿色低碳发展，助力建筑业实现碳达峰碳中和，为实现人民群众对美好生活的向往做出更大贡献。

装配式装修利用工业化生产和干法施工的模式，取代了传统现场湿作业装修方式，解决了传统装修因过度依赖工人手艺而带来的问题。装配式装修有利于提高工程质量和品质、减少劳动用工和资源消耗、改善施工条件和环境、控制装修成本和进度等，从而实现建筑节能减碳、提升工程效率的目标。

2.3.4 装配式建筑整体提升方向

居住、公共及工业建筑的各大系统装配式建造提升方向汇总于表 2–1。

表 2–1 居住、公共及工业建筑装配式建造提升方向

系统	居住建筑	公共及工业建筑
主体结构系统	主体结构形式以混凝土剪力墙结构为主，应用新型结构技术体系提升施工效率、完成质量，采用预制外墙实现免外架施工	主体结构系统以混凝土框架结构和钢框架结构等为主，提升方向：对于低多层混凝土框架结构，提高预制柱的标准化程度，减轻预制柱重量，避免梁的水平钢筋与柱的竖向钢筋在连接节点处碰撞；对于高大混凝土框架结构，采用高效建造技术
外围护系统	应用结构、保温、装饰一体化技术，减少外饰面全寿命周期维护次数及成本，减少高空作业	应用结构、保温、装饰一体化技术，推广轻质高性能围护结构产品
内装与设备管线系统	在高精度主体结构的基础上，推广主体与设备管线分离技术，应用集成卫生间、集成厨房、干式工法楼地面、集成吊顶等装配式装修技术	推广主体与设备管线分离技术，应用集成吊顶、干式工法楼地面、集成卫生间等装配式装修技术

2.4 装配式建筑工程中的技术应用

2.4.1 信息化技术

建筑信息化与建筑工业化的深度融合发展，是装配式建筑发展的必由之路。装配式建筑的信息化应用平台主要是 BIM（Building Information Modeling）技术，BIM 技术具有三维可视化、信息收集动态化、管理工作协同性的特点。将 BIM 技术应用于装配式建筑规划、设计、生产、施工、运维全生产周期，有利于提升建筑信息传达精准度和效率、有利于提升部品部件系统集成度、有利于精益化施工管理，能促进装配式建筑系统集成方案实施落地，进而提升装配式建筑的质量、品质和效益。因此，在装配式建筑中应全过程积极推广应用 BIM 技术。

规划阶段，BIM 技术可以帮助规划人员搜集和汇总目标信息、进行建筑模拟、风险评估等，提前检测建筑的可行性和实用性，确保项目的高效开展；设计阶段，BIM 技术可以帮助设计人员以标准化 / 数字化设计为目标，精确定位、精确模拟设计，设计过程中的设计决策可以实时三维可视化展现出来，实现即时交流，减少设计错误，提高设计质量；生产阶段，BIM 设计平台将建筑信息、部品部件生产信息传递至云端平台，云端平台将生产信息共享至工厂流水线，进行快速高效生产；施工阶段，BIM 技术可以帮助施工团队更加准确地完成施工计划，可以帮助施工人员节省时间，减少施工中的小细节错误，增加施工效率；运行维护阶段，BIM 技术可以帮助维护人员确定部件实际情况和可能异常情况，便于早期发现和处理异常，整体提高设备的使用寿命和经济效益，从而达到项目的可持续发展。

装配式建筑是体系化、集成化、工业化建筑，它通过 BIM 技术进行关键技术集成，贯穿包括规划、设计、生产、施工及运维的建筑全生命周期，最终目的是全系列整合建筑全产业链，实现建筑产业链全过程、全要素的信息化集成。结合装配式建筑的基本特点和 BIM 的使用特征，可以通过以下三种路径实现装配式建筑基于 BIM 的产业链集成。

1. 基于 BIM 的装配式建筑产业链全生命周期过程协同路径

过程协同是装配式建筑产业链多方主体实施目标协同的载体，其基础是信息协同。首先，在建筑信息模型中建立项目建设过程与相应信息的联系，确定过程信息协同的双向或多向信息传导与反馈方式。然后建立基于 BIM 的装配式建筑全生命周期过程协同的总体模型，对工程项目的全生命周期及各个过程进行建模，分析不同产业链组织形式下的全生命周期内各主体的相互交互、协调适应关系，消除项目过程中的各种非增值过程，使项目过程总体达到最优。

2. 基于 BIM 的装配式建筑产业链多主体目标协同路径

装配式建筑项目的进度、成本、质量和资源多目标协同是 BIM 在产业链整合中应用的重要内容。按照进度、成本、质量和资源子系统协同的信息要求，明确实现上述子系统所需的建设项目全生命周期的信息流及参与主体，根据以上目标提出相应的“信息 – 参与主体 – 目标”协调模型，建立基于 BIM 的单目标多方协同机制。考虑到多个单目标之间的耦合关系，可以采用多目标优化的方法来实现项目目标系统协同度的提升，对项目的多目标协调度进行优化，从而实现装配式建筑产业链多主体的目标协同。

3. 基于 BIM 和 RFID 的装配式建筑产业链多主体项目协同路径

BIM 和 RFID（Radio Frequency Identification）在信息采集管理方面优势互补，建立基于 BIM 和 RFID 的信息管理模型有利于装配式建筑项目的全生命周期管理。以 WEB 技术和移动信息处理技术为实施载体，根据产业链参与主体和项目管理业务流程的关系，建立基于 BIM 和 RFID 的装配式建筑项目多方协同实施过程模型，实现“业务 – 信息 – 参与主体”之间“信息采集 – 信息处理 – 信息应用”的全面整合，为实现建筑全生命周期内的多主体、多阶段实时协同提供现实基础。

信息化技术在装配式建筑中的应用应达到一定深度，方可体现其意义，实现其目标。信息化技术在装配式建筑设计、生产、施工全过程应用包括但不限于以下要求：①项目建设相关方可通过信息化工作平台实现协同工作与模型共享；②设计阶段能够提供全专业 BIM 信息化模型；③基于 BIM 模型可进行三维碰撞检查与问题处理；④部品部件生产深化图纸由 BIM 模型生成；⑤预制构件 BIM 模型信息可直接导入工厂生产系统并直接用于生产；⑥采用 BIM 模型进行施工模拟与施工组织；⑦基于 BIM 模型可进行工程量与物料清单统计；⑧基于 BIM 与物联网技术可实现装配式建筑的质量追溯要求；⑨竣工交付的 BIM 模型可应用于运维阶段。

2.4.2 智能建造技术

智能建造与装配式建筑之间存在紧密的关系。随着 5G、物联网、BIM 技术等新兴信息技术的发展，装配式结构建筑得以与新一代信息技术、先进制造技术融合发展，进一步提高了装配式建造效率与安装精度，推动了建筑行业的信息化和工业化应用。

智能建造在装配式建筑中的应用主要体现在以下几个方面：设计与规划阶段，在装配式建筑的构件拆分和深化设计阶段，智能建造技术能够协助完成更为精确和高效的设计工作。生产过程，智能建造技术可以应用于装配式建筑的工厂化生产过程中，实现生产过程的自动化和智能化。通过系统集成化和生产过程一体化，提高生产效率和质量。施工阶段，在装配式建筑的施工过程中，智能建造技术可以实现施工现场的智能化管理、建筑机器人的智能安装。通过应用智能终端和感应技术，可以实时获取墙板、梁柱等部件从生产到安装全流程的信息，便于进行可视化管理。同时，智能建造技术还可以帮助实现施工过程的精细化，提高施工品质和效率。智能建造技术有助于推动建筑行业信息化，实现参建各方协同运作。通过数字化管理，可以实时、精确、高效地交换和共享大量信息，解决工程建造中的信息孤岛问题。

智能建造与装配式建筑相互促进、相互依存。智能建造技术为装配式建筑提供了更为高效、精确和可持续的解决方案，推动了建筑行业的创新发展和转型升级。同时，装配式建筑的普及和发展也为智能建造技术提供了广阔的应用场景和发展空间。

为推进智能建造与新型建筑工业化协同发展，构建可持续的绿色低碳发展体系，促进建筑绿色发展，北京市发布了《北京市推动智能建造与新型建筑工业化协同发展的实施方案》等政策文件。文件指出北京市推进智能建造与新型建筑工业化协同发展目标为：

（1）“十四五”期间，智能建造与新型建筑工业化关键技术研究取得突破性进展，建设 100 个智能建造与新型建筑工业化协同发展的试点示范工程，建筑机器人及智能化装备得到推广应用；打造一批智能建造龙头企业和数字化赋能标杆企业，带动广大中小企业实现数字化转型升级；初步建立建筑产业互联网平台；推进行业监管及服务平台与城市信息模型（CIM）平台的融通联动；智能建造与新型建筑工业化协同发展的政策体系、产业体系和配套的技术体系、标准体系、评价体系基本建立，打造形成智能建造先行区。

（2）到2035年底，智能建造与新型建筑工业化协同发展的政策体系、产业体系和配套的技术体系、标准体系、评价体系完善；企业创新能力大幅提升，建筑机器人及智能化装备应用成效显著；产业基础、技术装备、科技创新能力以及建筑安全质量水平显著提升，产业整体优势突出，智能建造水平国际领先，全面实现新型建筑工业化。

2.4.3 工程总承包管理模式

工程总承包管理模式是一种工程建设项目的组织管理模式，是指在业主的委托下，由一家具有相应资质的总承包方负责整个项目的管理工作，包括设计、采购、施工等全过程，并对项目的质量、成本、进度等方面承担整体责任，以实现项目目标的最优化。

工程总承包管理模式要求总承包方将优化设计、合理采购和文明施工有机结合起来，充分发挥设计主导作用，实现设计、采购、施工的深度融合与内部协调，实现整个工程的系统统筹和整合优化。该模式有利于实现设计、采购、竣工验收全过程的质量控制，能够提高项目管理效率、优化资源配置、最大程度上消除质量不稳定因素、降低工程成本，同时有利于缩短建设工期，降低业主风险与操作难度。其优势主要体现在以下几个方面：

设计、采购、施工一体化：工程总承包模式将设计、采购、施工等环节统一策划、组织、指挥和协调，实现了全过程的控制，提高了项目管理的整体效率。这种模式可以确保各阶段之间的有效衔接，减少传统模式中因分阶段管理而可能产生的信息沟通不畅、资源浪费等问题。

优化资源配置与成本控制：工程总承包模式下，承包商能够充分发挥设计的主导作用，实现施工统筹安排，从而有效控制项目的成本、进度和质量。通过优化设计方案，降低工程造价，提高经济效益。同时，集中采购可以确保材料的质量，降低采购成本，进一步实现成本控制。

缩短建设周期：工程总承包模式有利于设计、采购、施工等环节的深度交叉，减少时间浪费，缩短总工期。通过合理安排各阶段的工作，确保项目在规定的工期内顺利完成。

保证工程质量与安全：工程总承包模式下，项目管理团队对整个项目过程进行全程监控，确保各环节的质量与安全。同时，由于各建设环节均置于总承包商的指挥下，综合协调余地大大增强，这对于确保工程质量和进度十分有利。

降低业主风险与操作难度：工程总承包模式下，业主只需与承包商签订合同，将项目的具体执行和管理责任转移给承包商，降低了业主的风险和操作难度。同时，责任明确，业主只需与承包商进行沟通和协调，大大减轻了业主的管理压力。

北京市积极倡导鼓励工程项目应用工程总承包管理模式。2017年12月，北京市住房和城乡建设委、北京市规划国土委联合发布并开始试行《关于在本市装配式建筑工程中实行工程总承包招投标的若干规定（试行）》，明确以装配式建筑为试点，深化建设项目组织实施方式改革，推行工程总承包模式。2021年，北京市发布《关于规范高品质商品住宅项目建设管理的通知》（京建发〔2021〕384号）等文件，要求高品质商品住宅项目应在工程承发包环节落实工程总承包模式。

3 基础级装配式建筑系统集成方案

本章结合装配式公共建筑的特点，综合分析形成 6 个公共建筑基础级系统集成方案，可实现 50% 及以上装配率。本章提供的装配式建筑系统集成方案可供基础级办公、商业、学校、医院、养老和酒店等建筑类型参考。

3.1 基础级系统集成方案

针对不同类型的公共建筑，按照其不同特点分为：综合类建筑、办公类建筑、类居住建筑，并分别对其进行装配式建筑系统集成方案选型。综合类建筑包括商业、医院门诊医技、学校、文化体育场馆等建筑类型，其公共区域面积大、人流量和地面荷载较大、地面敷设管线较少，标准化程度相对较低；办公类建筑标准化程度相对较高，兼具空间使用功能和布局相对多变、机电管线检修较频繁等特点；类居住建筑包括病房楼、宿舍楼、养老、酒店等建筑类型，其与居住建筑的特点较为相近，建筑单元重复率和标准化程度高。

按照基础级装配式建筑实施要求，结合装配式公共建筑的特点，综合分析形成 6 个装配式公共建筑系统集成方案，详见表 3–1。

表 3–1 基础级装配式建筑系统集成方案汇总

方案	推荐应用范围	主体结构	围护墙和内隔墙	装修和设备管线	技术集成特点
公共建筑方案一	综合类建筑	钢结构	1. 围护墙非砌筑非现浇； 2. 内隔墙非砌筑； 3. 内隔墙与管线、装修一体化	管线分离（给排水、电气、供暖）	主体结构采用钢结构，实现高效建造；围护结构采用成型板材等；内隔墙与装修、管线一体化，实现机电管线分离
公共建筑方案二		装配式混凝土结构（框架结构等）	1. 围护墙非砌筑非现浇； 2. 围护墙与保温、装饰一体化； 3. 内隔墙非砌筑； 4. 内隔墙与管线、装修一体化	1. 集成卫生间； 2. 管线分离（给排水、电气、供暖）	主体结构可采用少支撑少支模工业化建造；围护结构采用成型板材，并实现结构、保温、装饰一体化，提升围护结构质量品质、耐久性能和工业化建造水平；部分区域实施装配式装修和管线分离

表 3-1（续）

方案	推荐应用范围	主体结构	围护墙和内隔墙	装修和设备管线	技术集成特点
公共建筑方案三	办公类建筑	钢结构	1. 围护墙非砌筑非现浇； 2. 内隔墙非砌筑； 3. 内隔墙与管线、装修一体化	1. 干式工法楼地面； 2. 管线分离（给排水、电气、供暖）	主体结构采用钢结构，实现高效建造；围护结构采用成型板材等；部分区域采用装配式装修和管线分离技术
公共建筑方案四	办公类建筑	装配式混凝土结构（框架结构等）	1. 围护墙非砌筑非现浇； 2. 内隔墙非砌筑； 3. 内隔墙与管线、装修一体化	1. 干式工法楼地面； 2. 集成卫生间； 3. 管线分离（给排水、电气、供暖）	主体结构可采用少支撑少支模的高效建造方式，围护结构采用成型板材等；部分区域实施装配式装修和管线分离
公共建筑方案五	类居住建筑	装配式混凝土结构（框架结构等）	1. 围护墙非砌筑非现浇； 2. 内隔墙非砌筑； 3. 内隔墙与管线、装修一体化	1. 干式工法楼地面； 2. 集成卫生间； 3. 管线分离（给排水、电气、供暖）	主体结构可采用少支撑少支模的高效建造方式，围护结构采用成型板材等；部分区域实施装配式装修和管线分离
公共建筑方案六	类居住建筑	钢结构	1. 围护墙非砌筑非现浇； 2. 内隔墙非砌筑	1. 集成卫生间； 2. 管线分离（给排水）	主体结构采用钢结构，实现高效建造；围护结构采用成型板材等；部分区域实施装配式装修和管线分离

3.1.1 公共建筑系统集成方案一

综合类公共建筑往往存在平面不规则、局部大空间、大悬挑等特点，此类建筑的主体结构系统适合采用钢结构体系。钢结构具有自重轻、抗震性能好、施工速度快、工业化建造水平高等特点，在国内外的公共建筑中均得到了广泛的应用。我国公共建筑应用钢结构体系时，通常采用钢框架结构、钢框架－支撑结构或钢框架－混凝土核心筒（剪力墙）结构体系。针对综合类建筑，表 3–2 给出了满足基础级装配式建筑要求的集成方案。

表 3–2 基础级公共建筑系统集成方案一

集成方案			适宜技术方案	比例	技术特点
主体结构	竖向预制构件		钢柱、钢管混凝土柱等	—	技术成熟，施工速度快，装配化程度高，自重轻，抗震性能好，应用规模大
	水平预制构件		钢梁、钢楼梯、钢筋桁架楼承板、免支模免支撑楼板等	100%	技术成熟，适用性强，工业化程度高，实施难度低
围护墙和内隔墙	围护墙非砌筑非现浇		蒸压加气混凝土板材、幕墙等	≥ 60%*	干式工法作业，施工速度快，工业化程度高
	内隔墙非砌筑		蒸压加气混凝土板材、轻钢龙骨隔墙等	≥ 60%*	干式工法作业，施工速度快，与主体结构匹配性好，部分墙体可实现管线分离
	内隔墙与管线、装修一体化		轻钢龙骨隔墙、复合集成墙体等	≥ 50%*	现场干式工法作业，施工速度快，工业化水平高，质量易控制；可较好地实现管线分离，提升建筑使用期间的可维护性，延长建筑寿命
装修和设备管线	全装修		—	全面应用	可实现主体、围护、装修和机电管线一体化设计、一体化实施，避免后期装修过程中的拆改、资源浪费
	管线分离	电气管线	管线集成敷设于吊顶、管线装修一体化内隔墙空腔内等	≥ 60%*	可实现管线检修、维护和更换，提升建筑的可维护性，延长建筑寿命
		给排水管线	管线集成敷设于吊顶、管线装修一体化内隔墙空腔内等	≥ 80%	
		供暖管线	管线明装或集成敷设于吊顶内等	100%	

注：方案中列举的加“*”的比例为最低应用比例要求，实际工程实施过程中，应以实施综合效益为目标，合理选择实施比例。

公共建筑系统集成方案一主要特点如下：

（1）主体结构系统采用钢结构体系，具体的结构体系类型包括：钢框架结构、钢框架－支撑结构、钢框架－混凝土核心筒结构、钢框架－剪力墙结构、钢管混凝土框架－混凝土核心筒结构等。竖向构件可采用钢柱或钢管混凝土柱，水平构件采用钢梁，楼板可选择压型钢板组合楼板、钢筋桁架楼承板或其他免支模楼板，水平预制构件应用比例可达到或接近 100%。除传统的钢结构体系外，近年来研发和应用的钢柱（钢管混凝土柱）－预制混凝土梁组合结构体系结合了钢结构和预制混凝土结构的优点，其建造速度和工业化程度接近钢结构体系，而综合造价要显著低于传统钢结构，是综合类公共建筑主体结构的合理选择之一。

（2）针对外围护墙体技术方案选型，选用非砌筑非现浇围护墙，包括蒸压加气混凝土板材、幕墙等，宜优先选择围护、保温、装饰一体化的轻质墙板产品，以降低外围护墙体的自重。蒸压加气混凝土板材具有自重轻、连接方便、构造简单、保温性能好等优点，可实现工厂自动化生产、现场装配化安装，工业化程度高，近年来在建筑外围护结构中得到较为广泛的应用。幕墙技术在国内外已经被广泛采用，并积累了丰富的工程应用经验，集围护、保温、装饰一体化的幕墙系统适用于综合类公共建筑。

针对内隔墙技术方案选型，钢结构建筑宜优先选用可实现管线分离和检修维护的隔墙产品，并在应用过程中细化其与主体结构钢构件的连接构造和施工工艺，提高建筑实施质量和品质。内隔墙系统建议可采用管线装修一体化内隔墙，如轻钢龙骨隔墙、带基层墙板的复合集成墙体、装配式模块化隔墙等。管线装修一体化内隔墙具有材料节能环保、重量轻、施工快捷方便、布局灵活可调、易于改造，可实现管线分离和检修维护等优势。

（3）装修和设备管线系统建议采用管线分离技术。电气、给排水、供暖管线可集成敷设于吊顶或管线装修一体化内隔墙内，方便检修和维护。

本集成方案可以实现钢结构综合类公共建筑的高效工业建造，提升建筑外墙的质量和品质，确保建筑运营使用期间的可维护性，取得较好的装配式建筑实施效果。

3.1.2　公共建筑系统集成方案二

当综合类公共建筑主体结构系统采用混凝土结构时，推荐采用系统集成方案二，详见表 3–3。本方案的典型特点为主体结构采用混凝土（框架）结构，与其配套的外墙板采用夹芯保温外挂墙板等一体化墙板，可实现外围护墙体结构与保温、装饰功能的一体化集成。由于卫生间在传统装修中湿作业量最大，工期最长，后期维护检修最为集中的区域，因此在装配式装修和管线分离技术方面，推荐采用集成卫生间，各类机电管线结合集成卫生间、管线、装修一体化内隔墙内等进行分离。

表 3–3　基础级公共建筑系统集成方案二

集成方案		适宜技术方案	比例	技术特点
主体结构	水平预制构件	预制梁、叠合板、预制预应力楼板、预制楼梯等	≥ 80%*	技术成熟，适用性强，供应充足，施工难度低

表 3–3（续）

集成方案			适宜技术方案	比例	技术特点
围护墙和内隔墙	围护墙非砌筑非现浇		幕墙、蒸压加气混凝土板材、夹芯保温外挂墙板等	≥ 60%*	技术成熟，适用性强，外挂墙板、幕墙等，需关注产品的质量
	围护墙与保温、装饰一体化		幕墙、夹芯保温外挂墙板等	≥ 50%*	外墙实现结构保温装饰一体化，施工速度快，现场作业量少，外墙防水、保温、耐久性能好、品质高
	内隔墙非砌筑		蒸压加气混凝土板材、轻钢龙骨隔墙等	≥ 60%*	干式工法作业，施工速度快，与主体结构匹配性好，部分墙体可实现管线分离
	内隔墙与管线、装修一体化		轻钢龙骨隔墙、复合集成墙体等	≥ 50%*	现场干式工法作业，施工速度快，工业化水平高，质量易控制；可较好地实现管线分离，提升建筑使用期间的可维护性，延长建筑寿命
装修和设备管线	全装修		—	全面应用	可实现主体、围护、装修和机电管线一体化设计、一体化实施，避免后期装修过程中的拆改、资源浪费
	集成卫生间	墙面	轻钢龙骨隔墙、复合集成墙体等	100%	技术较成熟，可减少现场抹灰等湿作业，提高工效，减少资源浪费，需重点关注技术产品的合理选择和工艺控制
		吊顶	集成吊顶技术，如铝扣板吊顶、蜂窝板吊顶等	100%	技术成熟，适用性强，施工工效高，易于检修和更换，质量易控制
	管线分离	电气管线	管线集成敷设于吊顶、管线装修一体化内隔墙内等	≥ 60%*	可实现管线检修、维护和更换，提升建筑的可维护性，延长建筑寿命
		给排水管线	管线集成敷设于吊顶、管线装修一体化内隔墙内等	≥ 80%	
		供暖管线	管线明装、集成敷设于吊顶内等	100%	

注：方案中列举的加“*”的比例为最低应用比例要求，实际工程实施过程中，应以实施综合效益为目标，合理选择实施比例。

公共建筑系统集成方案二主要特点如下：

（1）主体结构系统采用混凝土结构，推荐选用少支模少支撑的技术体系。竖向构件可采用普通现浇柱、预制柱或薄壁钢管免拆模柱等，水平预制构件采用预制梁、叠合板、预制预应力楼板、预制楼梯等。水平预制构件均采用工厂生产、现场装配化施工，加工和施工工艺相对成熟，工业化程度高。在主体结构技术方案选型和设计过程中，应注重梁柱节点设计、楼板选型，以实现水平构件少支撑、免支模施工，提高建造效率和装配式技术实施效益。水平预制构件的应用比例应满足 80% 的评价得分要求。

（2）外围护系统建议采用非砌筑非现浇做法，优先采用集保温装饰一体化的围护结构，如幕墙、夹芯保温外挂墙板等。夹芯保温外挂墙板可实现围护墙体与保温、装饰材料一体化成型，具有良好的防水、保温、防火和耐久性能，可提升建筑外墙的质量和品质。夹芯保温外挂墙板采用工厂化生产，现场装配化施工，工业化程度高，现场无湿作业、降低劳动强度、提高施工建造速度，相关技术成熟可靠。应用过程中应重点关注外挂墙板在加工、施工阶段的工艺和质量控制。幕墙技术在国内外已经被广泛采用，并积累了丰富的工程应用经验，本方案中亦可采用围护、保温、装饰一体化的幕墙。

内隔墙系统建议可采用管线、装修一体化内隔墙，如轻钢龙骨隔墙、带基层墙板的复合集成墙体、装配式模块化隔墙等。管线、装修一体化内隔墙具有材料节能环保、重量轻、施工快捷方便、布局灵活可调、易于改造，可实现管线分离和检修维护等优势。

（3）结合综合类建筑使用功能的特点，在装配式装修方面推广应用集成卫生间，包括干式工法墙面和集成吊顶。机电管线可集成布置在吊顶或一体化内隔墙空腔内，以便于维修和更换，从而更好地适应综合类建筑的功能空间调整需求。

以上集成技术方案的应用通过少支撑少支模体现主体结构的高效建造，提高围护结构的质量品质和工业化建造水平，并通过部分装配式装修技术的应用，实现建筑全生命周期的灵活可变和长寿化。但在具体项目实施过程中，应关注技术产品的合理选择和最终实施效益的达成。

3.1.3 公共建筑系统集成方案三

办公类建筑作为规模较大、标准化程度较高的公共建筑，是公共建筑实施装配式技术的主体之一。结合办公类建筑的自身特点，装配式技术的实施重点应该聚焦于主体结构高效建造，围护结构高效施工、高品质，以及日常检修维护和改造较频繁部位的装配式装修技术应用等方面。当基础级办公类建筑的主体结构采用钢结构时，推荐采用系统集成方案三，详见表 3–4。

表 3–4 基础级公共建筑系统集成方案三

集成方案		适宜技术方案	比例	技术特点
主体结构	竖向预制构件	钢柱、钢管混凝土柱等	—	技术成熟，施工速度快，装配化程度高，自重轻，抗震性能好，应用规模大

表 3-4（续）

集成方案			适宜技术方案	比例	技术特点
主体结构	水平预制构件		钢梁、钢楼梯、钢筋桁架楼承板、免支模免支撑楼板等	100%	技术成熟，适用性强，工业化程度高，实施难度低
围护墙和内隔墙	围护墙非砌筑非现浇		蒸压加气混凝土板材、幕墙等	≥ 60%*	干式工法作业，施工速度快，工业化程度高
	内隔墙非砌筑		蒸压加气混凝土板材、轻钢龙骨隔墙等	≥ 60%*	干式工法作业，施工速度快，与主体结构匹配性好，部分墙体可实现管线分离
	内隔墙与管线、装修一体化		轻钢龙骨隔墙、复合集成墙体等	≥ 50%*	现场干式工法作业，施工速度快，工业化水平高，质量易控制；可较好地实现管线分离，提升建筑使用期间的可维护性，延长建筑寿命
装修和设备管线	全装修		—	全面应用	可实现主体、围护、装修和机电管线一体化设计、一体化实施，避免后期装修过程中的拆改、资源浪费
	干式工法楼地面		架空地面等	≥ 70%*	技术成熟，适用性强，适合于办公类建筑，与管线高度集成
	管线分离	电气管线	管线集成敷设于吊顶、管线、装修一体化内隔墙、架空地面内等	≥ 60%*	可实现管线检修、维护和更换，提升建筑的可维护性，延长建筑寿命
		给排水管线	管线集成敷设于吊顶、管线、装修一体化内隔墙、架空地面内等	≥ 60%*	
		供暖管线	管线明装或集成敷设于吊顶、架空地面内等	≥ 70%*	

注：方案中列举的加“*”的比例为最低应用比例要求，实际工程实施过程中，应以实施综合效益为目标，合理选择实施比例。

公共建筑系统集成方案三主要特点如下：

（1）主体结构系统采用钢结构体系，具体的结构体系类型包括：钢框架结构、钢框架－支撑结构、钢框架－混凝土核心筒结构、钢框架－剪力墙结构、钢管混凝土框架－混凝土核心筒结构等。竖向构件可采用钢柱或钢管混凝土柱，水平构件采用钢梁，楼板可选择压型钢板组合楼板、钢筋桁架楼承板或其他免支模楼板，水平预制构件应用比例可达到或接近 100%。除传统的钢结构体系外，近年来研发和应用的钢柱（钢管混凝土柱）－预制混凝土梁组合结构体系结合了钢结构和预制混凝土结构的优点，其建造速度和工业化程度接近钢结构体系，而综合造价要显著低于传统钢结构，是办公类等公共建筑主体结构的合理选择之一。

（2）基础级公共建筑系统集成方案三的外围护系统及内隔墙系统的技术特点与集成方案一类似，在此不再赘述。

（3）结合办公类建筑使用功能的特点，在装配式装修方面推广应用干式工法楼地面技术，如架空地面等。机电管线可集成布置在吊顶或架空地面空腔中，以便于维修和更换，从而更好地适应办公类建筑的功能空间调整需求。

以上集成技术方案的应用可实现办公类建筑的主体结构高效建造，提升围护结构的工业化建造水平，并通过部分装配式装修技术的应用，实现建筑全生命周期的灵活可变和长寿化。但在具体项目实施过程中，应关注技术产品的合理选择和最终实施效益的达成。

3.1.4 公共建筑系统集成方案四

针对主体结构系统采用混凝土结构的办公类建筑，表 3–5 给出了满足基础级装配式建筑要求的集成方案。

表 3–5 基础级公共建筑系统集成方案四

集成方案		适宜技术方案	比例	技术特点
主体结构	水平预制构件	预制梁、叠合板、预制预应力楼板、预制楼梯等	≥ 80%*	技术成熟，与竖向构件合理搭配可实现高效建造；应尽量实现水平构件少支撑免支模施工
围护墙和内隔墙	围护墙非砌筑非现浇	幕墙、蒸压加气混凝土板材、夹芯保温外挂墙板等	≥ 60%*	技术成熟，适用性强，外挂墙板、幕墙等，需关注产品的质量
	内隔墙非砌筑	蒸压加气混凝土板材、轻钢龙骨隔墙等	≥ 60%*	干式工法作业，施工速度快，与主体结构匹配性好，部分墙体可实现管线分离
	内隔墙与管线、装修一体化	轻钢龙骨隔墙、复合集成墙体等	≥ 50%*	现场干式工法作业，施工速度快，工业化水平高，质量易控制；可较好的实现管线分离，提升建筑使用期间的可维护性，延长建筑寿命

表 3-5（续）

<table>
<tr><th colspan="3">集成方案</th><th>适宜技术方案</th><th>比例</th><th>技术特点</th></tr>
<tr><td rowspan="7">装修和设备管线</td><td colspan="2">全装修</td><td>—</td><td>全面应用</td><td>可实现主体、围护、装修和机电管线一体化设计、一体化实施，避免后期装修过程中的拆改、资源浪费</td></tr>
<tr><td colspan="2">干式工法楼地面</td><td>架空地面等</td><td>≥ 70%*</td><td>可实现地面机电管线分离，方便管线检修和维护，减少地面湿作业量和全生命周期的资源浪费，需重点关注技术产品选择与工艺控制</td></tr>
<tr><td rowspan="2">集成卫生间</td><td>墙面</td><td>轻钢龙骨隔墙、复合集成墙体等</td><td>100%</td><td>技术较成熟，可减少现场抹灰等湿作业，提高工效，减少资源浪费，需重点关注技术产品的合理选择和工艺控制</td></tr>
<tr><td>吊顶</td><td>集成吊顶，如铝扣板吊顶、蜂窝板吊顶等</td><td>100%</td><td>技术成熟，适用性强，施工工效高，易于检修和更换，质量易控制</td></tr>
<tr><td rowspan="3">管线分离</td><td>电气管线</td><td>管线集成敷设于吊顶、管线、装修一体化内隔墙、架空地面内等</td><td>≥ 60%*</td><td rowspan="3">可实现管线检修、维护和更换，提升建筑的可维护性，延长建筑寿命</td></tr>
<tr><td>给排水管线</td><td>管线集成敷设于吊顶、管线、装修一体化内隔墙、架空地面内等</td><td>≥ 60%*</td></tr>
<tr><td>供暖管线</td><td>管线明装或集成敷设于吊顶、架空地面内等</td><td>≥ 70%*</td></tr>
</table>

注：方案中列举的加“*”的比例为最低应用比例要求，实际工程实施过程中，应以实施综合效益为目标，合理选择实施比例。

公共建筑系统集成方案四主要特点如下：

（1）主体结构系统采用装配式框架结构、装配式框架－剪力墙结构等体系。竖向构件可采用普通现浇柱、预制柱或薄壁钢管混凝土柱等，水平预制构件可采用预制梁、叠合板、预制预应力楼板、预制楼梯等。水平构件采用工厂生产、现场装配化施工，在合理选择技术方案和施工工艺前提下，可实现少支模少支撑高效建造，工业化程度高，且加工、施工工艺相对成熟。水平预制构件的应用比例应满足 80% 的评价得分要求。

（2）公共建筑系统集成方案四的外围护系统技术特点与基础级公共建筑系统集成方案二类似，可采用幕墙、蒸压加气混凝土板材、夹芯保温外挂墙板等，具体详见基础级系统公共建筑集成方案二。

公共建筑系统集成方案四的内隔墙系统的技术特点与公共建筑系统集成方案一类似，具体详见基础级系统公共建筑集成方案一。

（3）结合办公类建筑使用功能的特点，在装配式装修方面推广应用干式工法楼地面、集成卫生间和管线分离技术。电气、给排水、供暖管线集成敷设于吊顶、架空地面或管线、装修一体化内隔墙内，以便于维修和更换，从而更好地适应办公类建筑的功能空间调整需求。

以上集成技术方案的应用通过少支撑少支模体现主体结构的高效建造，提高围护结构的工业化建造水平，并通过较为全面的装配式装修技术的应用，实现建筑全生命周期的灵活可变和长寿化。

3.1.5 公共建筑系统集成方案五

类居住建筑兼具住宅建筑和公共建筑两者的特点，在建筑平面和使用功能方面与住宅建筑相似，具有标准化程度高的特点，其建筑外立面通常与公共建筑接近，有别于传统住宅建筑外立面造型和形态。为实现类居住建筑主体结构的高效建造，其同样可以采用装配式混凝土结构和装配式钢结构两种技术方案。下面首先针对集成方案五（“混凝土结构方案”），介绍基础级装配式类居住建筑的系统集成方案，详见表 3–6。

表 3–6 基础级公共建筑系统集成方案五

集成方案		适宜技术方案	比例	技术特点
主体结构	水平预制构件	预制梁、叠合板、预制预应力楼板、预制楼梯等	≥ 80%*	技术成熟，适用性强，实施难度小，合理设计下可实现较好的工业化效果
围护墙和内隔墙	围护墙非砌筑非现浇	幕墙、蒸压加气混凝土板材、夹芯保温外挂墙板等	≥ 60%*	技术成熟，适用性强，外挂墙板、幕墙等，需关注产品的质量
	内隔墙非砌筑	蒸压加气混凝土板材、轻钢龙骨隔墙等	≥ 60%*	干式工法作业，施工速度快，与主体结构匹配性好，部分墙体可实现管线分离
	内隔墙与管线、装修一体化	轻钢龙骨隔墙、复合集成墙体等	≥ 50%*	现场干式工法作业，施工速度快，工业化水平高，质量易控制；可较好地实现管线分离，提升建筑使用期间的可维护性，延长建筑寿命

表 3–6（续）

集成方案			适宜技术方案	比例	技术特点
装修和设备管线	全装修		—	全面应用	可实现主体、围护、装修和机电管线一体化设计、一体化实施，避免后期装修过程中的拆改、资源浪费
	干式工法楼地面		架空地面等	100%	可实现地面机电管线分离，方便管线检修和维护，减少地面湿作业量和全生命周期的资源浪费，需重点关注技术产品选择与工艺控制
	集成卫生间		整体卫生间或集成卫生间	100%	工厂生产、现场干式工法施工，施工速度快，防水性能好，便于检修更换，需关注产品的合理选择和工艺控制
	管线分离	电气管线	管线集成敷设于吊顶、管线、装修一体化内隔墙、架空地面内等	≥ 60%*	可实现管线检修、维护和更换，提升建筑的可维护性，延长建筑寿命
		给排水管线	管线集成敷设于吊顶、管线、装修一体化内隔墙、架空地面内等	≥ 60%*	
		供暖管线	管线明装或集成敷设于吊顶、架空地面内等	≥ 70%*	

注：方案中列举的加“*”的比例为最低应用比例要求，实际工程实施过程中，应以实施综合效益为目标，合理选择实施比例。

公共建筑系统集成方案五主要特点如下：

（1）根据建筑平面功能布局特点及建筑高度等情况，可分别采用装配式框架结构、装配式剪力墙结构或装配式框架–剪力墙（核心筒）结构等体系。当建筑平面较规则，建筑空间布局灵活性要求高时，通常采用装配式框架结构，在建筑高度较大的情况下，为提高结构抗侧刚度和承载力，需适当设置部分剪力墙，形成装配式框架–剪力墙（核心筒）结构。仅在建筑层高限制较严，框架梁对室内净高影响较大，同时室内空间分隔较小时，此类建筑才会采用剪力墙结构体系。此类主体结构的水平预制构件应尽量选用免支模、少支撑或免支撑产品，实现水平构件免支模、少支撑施工建造，需注意水平预制构件应用比例须达 80% 以满足 Q1 评价项最低得分要求。

（2）公共建筑系统集成方案五的外围护系统技术特点与基础级公共建筑系统集成方案

二类似，可采用幕墙、蒸压加气混凝土板材、夹芯保温外挂墙板等，具体详见基础级公共建筑系统集成方案二。

公共建筑系统集成方案五的内隔墙系统的技术特点与公共建筑系统集成方案一类似，具体详见基础级公共建筑系统集成方案一。

（3）装修和设备管线系统可根据需求选择应用干式工法楼地面和集成卫生间。干式工法楼地面存在一定弹性，硬度较小，可以对类居住公共建筑的用户，如老人和孩子，起到一定的保护作用。选用集成卫生间时，优先选择技术成熟、质量合格的整体卫生间，并重点关注卫生间机电接口、底盘与地漏接口、排水坡度、地漏排水以及墙板密封等构造部位的施工工艺。在整体卫生间内，可将给排水管线敷设于干式工法墙面、集成吊顶和架空地面的空腔内，结合检修口的设置，可较好地解决类居住建筑中给排水管线检修更换困难的问题。

以上集成技术方案的应用可通过少支撑少支模的主体结构建造方式提高主体结构建造效率，提升围护结构的工业化建造水平，并通过较为全面的装配式装修技术的应用，实现建筑全生命周期的灵活可变和长寿化。但在具体项目实施过程中，应关注技术产品的合理选择和最终实施效益的实现。

3.1.6 公共建筑系统集成方案六

类居住建筑的主体结构采用钢结构体系时，通常选用钢框架－支撑结构、钢框架－剪力墙结构等体系。针对采用钢结构的类居住公共建筑，表 3–7 给出了满足基础级装配式建筑要求的集成方案。

表 3–7 基础级公共建筑系统集成方案六

集成方案		适宜技术方案	比例	技术特点
主体结构	竖向预制构件	钢柱、钢管混凝土柱等	—	技术成熟，施工速度快，装配化程度高，自重轻，抗震性能好，应用规模大
	水平预制构件	钢梁、钢筋桁架楼承板、免支模免支撑楼板、钢楼梯等	100%	技术成熟，适用性强，工业化程度高，实施难度低
围护墙和内隔墙	围护墙非砌筑非现浇	蒸压加气混凝土板材、幕墙等	≥ 60%*	干式工法作业，施工速度快，工业化程度高
	内隔墙非砌筑	蒸压加气混凝土板材、轻钢龙骨隔墙等	≥ 60%*	干式工法作业，施工速度快，与主体结构匹配性好，部分墙体可实现管线分离
装修和设备管线	全装修	—	全面应用	可实现主体、围护、装修和机电管线一体化设计、一体化实施，避免后期装修过程中的拆改、资源浪费

表 3-7（续）

集成方案			适宜技术方案	比例	技术特点
装修和设备管线	集成卫生间		整体卫生间或集成卫生间	100%	工厂生产、现场干式工法施工，施工速度快，防水性能好，便于检修更换，需关注产品的合理选择和工艺控制
	管线分离	给排水管线	管线集成敷设于吊顶、管线装修一体化内隔墙、整体卫生间架空地面内等	≥ 60%*	可实现管线检修、维护和更换，提升建筑的可维护性，延长建筑寿命

注：方案中列举的加“*”的比例为最低应用比例要求，实际工程实施过程中，应以实施综合效益为目标，合理选择实施比例。

公共建筑系统集成方案六主要特点如下：

（1）主体结构系统采用钢结构体系，具体的结构体系类型包括：钢框架结构、钢框架－支撑结构、钢框架－混凝土核心筒结构、钢框架－剪力墙结构、钢管混凝土框架－混凝土核心筒结构等。竖向构件可采用钢柱或钢管混凝土柱，水平构件采用钢梁，楼板可选择压型钢板组合楼板、钢筋桁架楼承板或其他免支模楼板，水平预制构件应用比例可达到或接近 100%。

（2）基础级公共建筑系统集成方案六的外围护结构系统及内隔墙系统的技术特点与系统集成方案一类似，在此不再赘述。如采用轻钢龙骨隔墙或复合集成墙体等，可满足内隔墙与管线、装修一体化的要求。

（3）与公共建筑系统集成方案五类似，机电管线检修和维护较多的区域采用装配式装修产品，优先选择技术成熟、质量合格的整体卫生间。结合整体卫生间，实现给排水管线分离，提升建筑的可维护性，延长建筑寿命。

以上集成技术方案的应用可实现钢结构类居住建筑的主体结构高效建造，提升围护结构的工业化建造水平，并通过部分装配式装修技术的应用，实现建筑全生命周期的灵活可变和长寿化。

3.2 典型案例分析（公共建筑）

钢结构体系在公共建筑中已广泛应用，通常可实现较高的装配式建筑评价等级，如 A（BJ）级及以上，因此本节仅选取 1 个主体结构系统采用混凝土结构的公共建筑作为典型案例，分析了其技术特点，供工程技术人员参考借鉴。

3.2.1 装配式建筑系统集成方案

某学校建设项目位于北京市延庆区，$3^{\#}$ ~ $9^{\#}$ 教学楼主楼采用装配式混凝土框架－剪力墙结构，$10^{\#}$ 楼采用钢结构体系，各单体层数为 1 ~ 4 层，最大建筑高度约为 22m。项目遵循标准化、模数化设计理念，轴网采用标准化网格设计，卫生间、楼电梯间统一布置，平面布局规整合理，采用装配式建造方式提高建造效率及工程质量。

该项目在前期开展了装配式建筑技术方案策划，3# ~ 9# 教学楼为装配式混凝土框架 - 剪力墙结构，主体结构应用竖向及水平预制构件，围护墙应用非砌筑非现浇墙体，内隔墙应用非砌筑隔墙，装修和设备管线主要应用管线分离技术，同时实施绿色建筑。装配式建筑技术策划方案具体见表 3-8。

表 3-8　装配式建筑技术策划方案

项目	集成方案	适宜技术方案
主体结构	竖向预制构件	预制柱
	水平预制构件	钢筋桁架楼承板
围护墙和内隔墙	围护墙非砌筑非现浇	蒸压加气混凝土板材
	内隔墙非砌筑	蒸压加气混凝土板材
装修和设备管线	全装修	—
	管线分离	电气、给排水管线分离

1. 主体结构系统

该项目 3# ~ 9# 楼主体结构采用装配式混凝土框架 - 剪力墙结构体系，采用的竖向构件包括预制混凝土柱，采用的水平构件包括钢筋桁架楼承板，剪力墙和框架梁采用现浇混凝土；该项目主体结构技术方案选型实现了水平构件免支模施工，提高了建造效率和装配式建筑技术实施效益。

2. 外围护和内隔墙系统

该项目为框架 - 剪力墙结构体系，外围护及内隔墙均采用蒸压加气混凝土板材（图 3-1），可实现围护墙非砌筑非现浇和内隔墙非砌筑。轻质混凝土板材具备轻质高强、绿色环保等优点，由工厂统一加工预制，现场干法安装、施工技术成熟、工艺便捷，可有效缩短工期、提高工程质量。该项目建筑外立面采用模块化设计，标准化窗墙形成模数化整体，有利于蒸压加气混凝土板材的工厂加工及现场拼接。

图 3-1　蒸压加气混凝土板材现场照片

3. 装修和设备管线系统

本项目全装修交付，土建与装修设计、施工一体化，避免现场二次作业；卫生间采用集成卫生间，墙板、吊顶均采用装配式装修，集成墙板、吊顶及典型节点见图 3-2 和图 3-3；电气与给排水管线主要敷设在吊顶或裸露于室内空间，与主体结构实现分离，便于建筑使用期间管线的检修、维护。

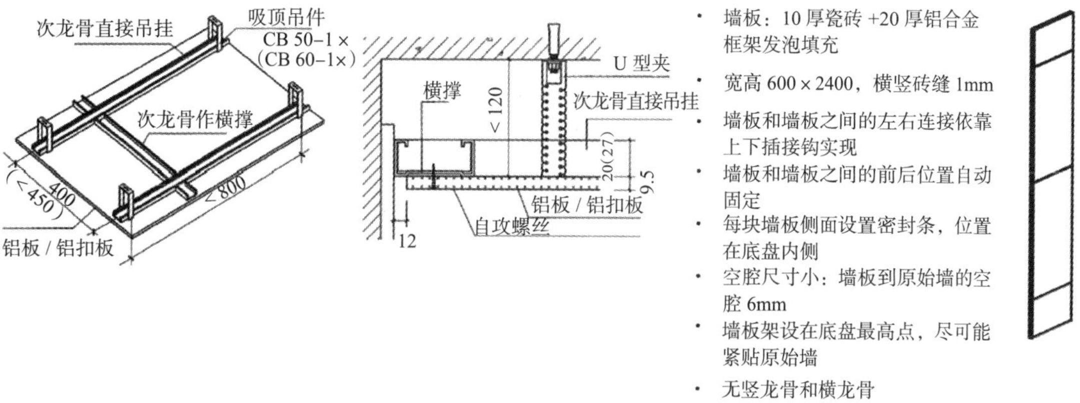

（a）整体卫浴天花选择（不上人吊顶示意图）　　（b）整体卫浴墙体选择

图 3–2　集成卫生间吊顶、墙体示意图

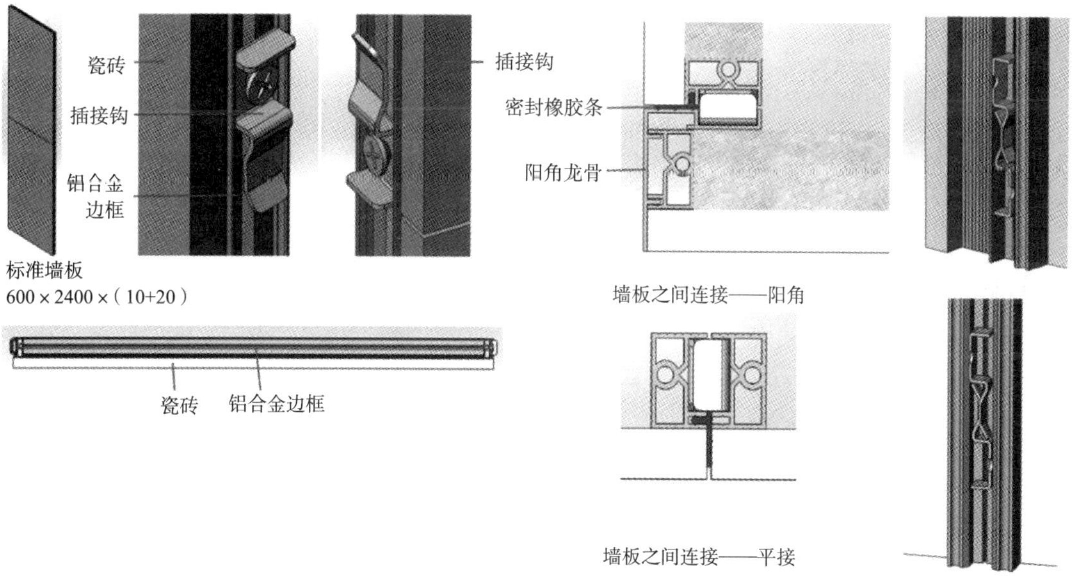

图 3–3　集成卫生间墙板连接节点

3.2.2　解析与评价

本部分以某栋教学楼主楼（装配式混凝土框架 – 剪力墙结构）为例展开具体实施方案解析。项目设计建造时间早于北京市地方标准《装配式建筑评价标准》DB11/T 1831—2021 实施时间，按现行评价标准测算装配率为 58.2%，评价为基础级装配式建筑，详见表 3–9。

表 3–9　典型案例某栋教学楼主楼装配率评分表

<table>
<tr><th colspan="3">评价项</th><th>评价要求</th><th>评价分值 / 分</th><th>最低分值 / 分</th><th>比例 / %</th><th>得分 / 分</th></tr>
<tr><td rowspan="2">主体结构 Q1（45 分）</td><td colspan="2">柱、支撑、承重墙、延性墙板等竖向构件</td><td>35% ≤比例≤ 80%</td><td>20 ～ 30*</td><td rowspan="2">15</td><td>37</td><td>20.4</td></tr>
<tr><td colspan="2">梁、楼板、屋面板、楼梯、阳台、空调板等构件</td><td>70% ≤比例≤ 80%</td><td>10 ～ 15*</td><td>74</td><td>12.0</td></tr>
<tr><td rowspan="4">围护墙和内隔墙 Q2（20 分）</td><td colspan="2">围护墙非砌筑非现浇</td><td>比例≥ 60%</td><td>5</td><td>10</td><td>100</td><td>5.0</td></tr>
<tr><td colspan="2">护墙与保温、装饰一体化</td><td>50% ≤比例≤ 80%</td><td>2 ～ 5*</td><td rowspan="3">10</td><td></td><td></td></tr>
<tr><td colspan="2">内隔墙非砌筑</td><td>比例≥ 60%</td><td>5</td><td>80.2</td><td>5.0</td></tr>
<tr><td colspan="2">隔墙与管线、装修一体化</td><td>50% ≤比例≤ 80%</td><td>2 ～ 5*</td><td></td><td></td></tr>
<tr><td rowspan="9">装修和设备管线 Q3（35 分）</td><td colspan="2">全装修</td><td>—</td><td>5</td><td>5</td><td></td><td>5.0</td></tr>
<tr><td rowspan="2">公共区域装修采用干式工法</td><td>公共建筑</td><td>比例≥ 70%</td><td rowspan="2">3</td><td rowspan="8">6</td><td></td><td></td></tr>
<tr><td>居住建筑</td><td>比例≥ 60%</td><td></td><td></td></tr>
<tr><td colspan="2">干式工法楼面、地面</td><td>70% ≤比例≤ 90%</td><td>3 ～ 6*</td><td></td><td></td></tr>
<tr><td colspan="2">集成厨房</td><td>70% ≤比例≤ 90%</td><td>3 ～ 6*</td><td>—</td><td>—</td></tr>
<tr><td colspan="2">集成卫生间</td><td>70% ≤比例≤ 90%</td><td>3 ～ 6*</td><td>77.1</td><td>4.1</td></tr>
<tr><td rowspan="3">管线分离</td><td>电气管线</td><td>60% ≤比例≤ 80%</td><td>2 ～ 5*</td><td></td><td></td></tr>
<tr><td>给排水管线</td><td>60% ≤比例≤ 80%</td><td>1 ～ 2*</td><td>80.2</td><td>2.0</td></tr>
<tr><td>供暖管线</td><td>70% ≤比例≤ 100%</td><td>1 ～ 2*</td><td>—</td><td>—</td></tr>
</table>

表 3-9（续）

评价项		评价要求	评价分值 / 分	最低分值 / 分	比例 / %	得分 / 分
加分项 Q5（6 分）	信息化技术应用	计、生产、施工全过程应用	3	—		
	绿色建筑评价星级等级	二星级	2			
		三星级	3			
装配率		53.6 /（100–8）× 100%=58.2%				

注：表中带“*”项的分值采用“内插值”计算，计算结果取小数点后 1 位。

该学校建设项目采用装配式建造技术，主体结构装配化程度高，以现行标准评价，基本实现了基础级装配式建筑预期收益。该项目遵循标准化、模数化设计理念，轴网、立面应用模数化及模块化设计，有利于提高预制构件标准化程度，便于构件的预制加工与安装。该项目主体结构系统应用预制柱和钢筋桁架楼承板，大幅减少施工现场模板和架体施工，实现免支撑或少支撑，方便现场施工与管理，提高施工效率；围护墙与内隔墙系统，大部分非承重墙体采用蒸压加气混凝土板材实现非砌筑，工厂化生产、装配式化施工，工业化程度高；装修与设备管线系统采用了集成卫生间和管线分离技术，降低现场湿作业，同时管线与支撑体分离，便于建筑在使用过程中进行检修、维护。同类项目实施过程中可在该项目基础上增加装配式装修技术的应用范围，进一步提升建筑功能升级改造可能性。

4 A（BJ）级装配式建筑系统集成方案

本章结合装配式居住建筑、公共建筑的特点，综合分析形成2个居住建筑和6个公共建筑A（BJ）级系统集成方案，可实现60%及以上装配率。本章提供的装配式建筑系统集成方案可供A（BJ）级保障性住房、商品住房、办公、养老、酒店商业、学校等建筑类型参考。

4.1 A（BJ）级系统集成方案

居住建筑的特点是满足人们的基本生活需求，提供舒适的居住环境，同时注重空间布局、建筑材料、采光通风以及节能环保等方面的因素。居住建筑通常单元重复率高，标准化程度好，外立面形式相对简单。

与基础级公共建筑分类原则一致，针对不同类型的公共建筑，按照其不同特点分为：办公类建筑、类居住建筑、综合类建筑，并分别对其进行装配式建筑系统集成方案选型。办公类建筑标准化程度相对较高，兼具空间使用功能和布局相对多变、机电管线检修较频繁等特点；类居住建筑包括养老、酒店等建筑类型，其与居住建筑的特点较为相近，建筑单元重复率高，标准化程度好；综合类建筑包括商业、学校等建筑类型，其公共区域面积大、人流量和地面荷载较大、地面敷设管线较少。

按照A（BJ）级装配式建筑实施要求，结合装配式居住建筑和公共建筑的特点，综合分析形成2个居住建筑系统集成方案、6个公共建筑系统集成方案，详见表4–1。

表4–1 A（BJ）级装配式建筑系统集成方案汇总

方案	推荐应用范围	主体结构	围护墙和内隔墙	装修和设备管线	加分项*	技术集成特点
居住建筑方案一	保障性住房、商品住房	装配式混凝土结构（剪力墙结构）	1. 围护墙非砌筑非现浇； 2. 围护墙与保温、装饰一体化； 3. 内隔墙非砌筑	1. 集成厨房或卫生间； 2. 管线分离（给排水）	1. 信息化技术应用； 2. 绿色建筑	主体结构采用装配式混凝土结构，实现高效建造，围护结构保温装饰一体化，部分部位实施装配式装修和管线分离

表 4–1（续）

方案	推荐应用范围	主体结构	围护墙和内隔墙	装修和设备管线	加分项 *	技术集成特点
居住建筑方案二	保障性住房、商品住房	钢结构	1. 围护墙非砌筑非现浇； 2. 内隔墙非砌筑	1. 集成厨房或卫生间； 2. 管线分离（给排水）	1. 信息化技术应用； 2. 绿色建筑	主体结构采用钢结构，实现高效建造；围护结构采用成型板材等；部分部位实施装配式装修和管线分离
公共建筑方案一	办公类建筑	装配式混凝土结构（框架结构等）	1. 围护墙非砌筑非现浇； 2. 围护墙与保温、装饰一体化； 3. 内隔墙非砌筑	1. 干式工法楼地面； 2. 管线分离（给排水、电气、供暖）	1. 信息化技术应用； 2. 绿色建筑	主体结构采用装配式建造；围护结构采用成型板材，并实现围护结构、保温、装饰一体化，提升围护结构质量品质、耐久性能和工业化建造水平；部分区域采用装配式装修和管线分离技术
公共建筑方案二		钢结构				
公共建筑方案三	类居住建筑	装配式混凝土结构（框架结构等）	1. 围护墙非砌筑非现浇； 2. 围护墙与保温、装饰一体化； 3. 内隔墙非砌筑	1. 集成卫生间； 2. 管线分离（给排水）	1. 信息化技术应用； 2. 绿色建筑	主体结构装配化、高效建造，外墙结构保温装饰一体化，部分部位实施装配式装修和管线分离
公共建筑方案四		钢结构				

表 4-1（续）

<table>
<tr><th>方案</th><th>推荐应用范围</th><th>主体结构</th><th>围护墙和内隔墙</th><th>装修和设备管线</th><th>加分项*</th><th>技术集成特点</th></tr>
<tr><td>公共建筑方案五</td><td rowspan="2">综合类建筑</td><td>装配式混凝土结构（框架结构等）</td><td rowspan="2">1. 围护墙非砌筑非现浇；
2. 围护墙与保温、装饰一体化；
3. 内隔墙非砌筑；
4. 内隔墙与管线、装修一体化</td><td rowspan="2">管线分离（给排水、电气、供暖）</td><td rowspan="2">1. 信息化技术应用；
2. 绿色建筑</td><td rowspan="2">主体结构实现少支撑免支模装配化建造；围护结构采用成型板材，并实现围护结构、保温、装饰一体化，提升围护结构质量品质、耐久性能和工业化建造水平；内隔墙与管线、装修一体化，实现机电管线分离</td></tr>
<tr><td>公共建筑方案六</td><td>钢结构</td></tr>
</table>

注：“*”代表加分项技术内容可根据项目实际情况合理选用。

4.1.1 居住建筑

根据主体结构技术体系的不同选择，A（BJ）级居住建筑集成方案分为集成方案一（“混凝土结构方案”）和集成方案二（“钢结构方案”），前者对应目前装配式居住建筑主要采用的装配式混凝土结构体系，后者的主体结构采用钢框架（支撑）等装配式钢结构体系，通过合理的技术方案选型、设计及施工工艺选择，实现主体结构的工业化建造。在配套的围护结构方面，均建议采用干式工法作业的成型板材或相关产品，在此基础上宜进一步选用集结构、保温、装饰一体化的围护结构体系，以实现围护结构的高效建造，并提升建筑外墙的质量、品质和耐久性能。在 A（BJ）级集成方案中，针对“混凝土结构方案”和“钢结构方案”均推荐采用集成厨房或整体卫生间，实施给排水管线分离，减少装修作业期间的湿作业、劳动强度和建筑垃圾，提升建筑使用期间的可维护性和延长建筑寿命。通过合理的系统集成方案选型，达到 A（BJ）级装配式居住建筑在主体结构、外围护、设备与管线和内装四大系统方面的相互协调和有机结合。

1. 居住建筑系统集成方案一

系统集成方案一的典型特点为主体结构采用装配式混凝土结构，其中以目前广泛采用的装配式剪力墙结构为主，与其配套的外墙板采用夹芯保温外墙板等一体化墙板，可实现外围护墙体结构与保温、装饰功能的一体化集成。考虑到厨房、卫生间是传统装修中湿作业量最大、工期最长、后期维护检修最为集中的区域，同时给排水管线是各类机电管线中最容易老化、检修更换难度最大的机电管线，因此在装配式装修和管线分离技术方面，推荐采用集成厨房、集成卫生间和给排水管线分离技术，具体的系统集成方案详见表 4-2。

表 4–2　A（BJ）级居住建筑系统集成方案一

集成方案				适宜技术方案	比例	技术特点
主体结构	竖向预制构件			夹芯保温外墙板、PCF 板、预制内墙板等	≥ 35%*	工厂生产、现场装配化施工，现场湿作业量少，综合建造速度快，工业化程度高
	水平预制构件			叠合板、预制阳台板、预制空调板、预制楼梯、预制梁等	≥ 70%*	技术成熟，适用性强，实施难度小，合理设计下可实现较好的工业化效果
围护墙和内隔墙	围护墙非砌筑非现浇			夹芯保温外墙板等	≥ 60%*	技术成熟，适用性强，可与主体结构外墙同步实施
	围护墙与保温、装饰一体化			夹芯保温外墙板、PCF 板等	≥ 50%*	防水、保温、防火、耐久性能好，现场湿作业量少，施工高效，需重点关注加工、施工阶段的工艺控制
	内隔墙非砌筑			蒸压加气混凝土板材、轻钢龙骨隔墙等	≥ 60%*	技术成熟，质量易控制，现场施工效率高
装修和设备管线	全装修			—	全面应用	可实现主体、围护、装修和机电管线一体化设计、一体化实施，避免后期装修过程中的拆改、资源浪费
	集成厨房或卫生间	集成厨房	墙面	轻钢龙骨隔墙、复合集成墙体等	100%	技术较成熟，可减少现场抹灰等湿作业，提高工效，减少资源浪费，需重点关注技术产品的合理选择和工艺控制
			吊顶	集成吊顶，如铝扣板吊顶、蜂窝板吊顶等		技术成熟，适用性强，施工工效高，易于检修和更换，质量易控制
			地面	干式工法楼地面		可实现地面机电管线分离，方便管线检修和维护，减少地面湿作业量和全生命周期的资源浪费，需重点关注技术产品选择与工艺控制
		集成卫生间		整体卫生间或集成卫生间	100%	工厂生产、现场干式工法施工，施工速度快，防水性能好，便于检修更换，需关注产品的合理选择和工艺控制

表 4-2（续）

集成方案			适宜技术方案	比例	技术特点
装修和设备管线	管线分离	给排水管线	同层排水、管线集成敷设于吊顶、集成厨房或集成卫生间等	$\geqslant 60\%^{*}$	可实现管线检修、维护和更换，提升建筑可维护性和延长建筑寿命
加分项	信息化技术应用		BIM 技术等	全过程应用	提高设计、加工和施工阶段全过程、全专业的协同，提高建造效率，保障建筑质量和品质，提升建筑运行期间的维护水平
	绿色建筑		绿色建筑相关技术	二星或三星	节约资源，保护环境，减少污染，提供健康、适用、高效的使用空间

注：方案中列举的加“*”的比例为最低应用比例要求，实际工程实施过程中，应以实施综合效益为目标，合理选择实施比例。

居住建筑系统集成方案一的主要特点如下：

（1）主体结构系统通常采用装配式剪力墙结构体系，可大幅减少施工建造期间的钢筋绑扎、模板和支撑工作量，降低现场劳动强度。竖向预制构件选用全预制剪力墙或叠合剪力墙，水平预制构件可采用叠合板、预制阳台板、预制空调板、预制楼梯、叠合梁等。考虑到剪力墙结构住宅的外墙兼作承重墙和围护墙体，在结构方案选型和布置过程中，应优先采用预制外墙、考虑外墙全装配，减少外墙湿作业量和劳动强度，提高外墙的尺寸精度和质量。在水平预制构件技术方案选型和设计过程中，应注重实现水平构件的免支模、少支撑，减少施工现场工作量，提高建造效率和质量。

（2）外围护系统可采用夹芯保温外墙板等一体化墙板，可大幅减少外墙的砌筑和现浇湿作业工作量，同时实现外墙保温装饰一体化，具有防水、保温、防火、耐久性能好等特点。夹芯保温外墙板采用工厂生产、现场装配化施工，工业化程度高，现场湿作业量小、降低劳动强度、提高施工建造速度，相关技术成熟可靠，在国内外已得到广泛应用，取得了丰富的工程应用经验。在实施过程中应重点关注外墙板在加工、施工阶段的工艺控制。

内隔墙系统可采用蒸压加气混凝土板材、轻钢龙骨隔墙等非砌筑内隔墙。蒸压加气混凝土板材具有节能环保、施工方便、隔音性能较好等优点；轻钢龙骨隔墙具有材料节能环保、重量轻、施工方便快捷、可灵活布置、易拆除等优点，轻钢龙骨可以实现内隔墙与管线、装修一体化。

（3）装修和设备管线系统可根据需求选择应用集成厨房或集成卫生间，并配套采用给排水管线分离技术。当采用集成厨房时，优先选择干式工法墙面、集成吊顶和干式工法楼地面。当选用集成卫生间时，优先选择技术成熟的整体卫生间，并重点关注卫生间机电接口、底盘与地漏接口、排水坡度、地漏排水以及墙板密封等构造部位的施工工艺。在集成厨房和卫生间内，可将给排水管线敷设于干式工法墙面、集成吊顶和干式工法楼地地面的空腔内，结合检修口的设置，可便于目前居住建筑中给排水管线检修更换。

通过以上技术方案的合理选择和系统集成，可充分利用装配式建筑四大系统的技术特点，实现其实施效益，有助于提升建造效率，提高建筑质量和品质。

2. 居住建筑系统集成方案二

钢结构具有装配化程度高、建造速度快、自重轻、抗震性能优异等特点，近年来在住宅建筑中得到推广应用，北京市多个住宅项目的主体结构也采用了钢结构。不同于剪力墙结构住宅中，承重墙兼作外围护墙和部分内填充墙，钢结构住宅通常采用框架结构体系，主体结构与围护结构、内填充墙体之间是相互独立的体系，因此在钢结构住宅中应更加合理地选择围护结构、填充墙体和内装修系统的技术方案，并确保各系统之间的协调、匹配。

结合钢结构的自身特点，针对 A（BJ）级装配式居住建筑推荐了系统集成方案二，详见表 4–3。

表 4–3　A（BJ）级居住建筑系统集成方案二

<table>
<tr><th colspan="4">集成方案</th><th>适宜技术方案</th><th>比例</th><th>技术特点</th></tr>
<tr><td rowspan="2">主体结构</td><td colspan="3">竖向预制构件</td><td>钢柱、钢管混凝土柱等</td><td>—</td><td>技术成熟，施工速度快，装配化程度高，自重轻，抗震性能好</td></tr>
<tr><td colspan="3">水平预制构件</td><td>钢梁、钢楼梯、可拆式钢筋桁架楼承板、免支模免支撑楼板等</td><td>≥ 70%*</td><td>技术成熟，适用性强，工业化程度高，实施难度低</td></tr>
<tr><td rowspan="2">围护墙和内隔墙</td><td colspan="3">围护墙非砌筑非现浇</td><td>蒸压加气混凝土板材、幕墙等</td><td>≥ 60%*</td><td>干式工法作业，施工速度快，工业化程度高</td></tr>
<tr><td colspan="3">内隔墙非砌筑</td><td>蒸压加气混凝土等轻质混凝土板材、轻钢龙骨隔墙等</td><td>≥ 60%*</td><td>干式工法作业，施工速度快，与主体结构匹配性好，部分墙体可实现管线分离</td></tr>
<tr><td rowspan="3">装修和设备管线</td><td colspan="3">全装修</td><td>—</td><td>全面应用</td><td>可实现主体、围护、装修和机电管线一体化设计、一体化实施，避免后期装修过程中的拆改、资源浪费</td></tr>
<tr><td rowspan="2">集成厨房或卫生间</td><td rowspan="2">集成厨房</td><td>墙面</td><td>轻钢龙骨隔墙、复合集成墙体等</td><td rowspan="2">100%</td><td>技术较成熟，可减少现场抹灰等湿作业，提高工效，减少资源浪费，需重点关注技术产品的合理选择和工艺控制</td></tr>
<tr><td>吊顶</td><td>集成吊顶，如铝扣板吊顶、蜂窝板吊顶等</td><td>技术成熟，适用性强，施工工效高，易于检修和更换，质量易控制</td></tr>
</table>

表 4-3（续）

<table>
<tr><th colspan="4">集成方案</th><th>适宜技术方案</th><th>比例</th><th>技术特点</th></tr>
<tr><td rowspan="3">装修和设备管线</td><td rowspan="2">集成厨房或卫生间</td><td>集成厨房</td><td>地面</td><td>干式工法楼地面</td><td>100%</td><td>可实现地面机电管线分离，方便管线检修和维护，减少地面湿作业量和全生命周期的资源浪费，需重点关注技术产品选择与工艺控制</td></tr>
<tr><td colspan="2">集成卫生间</td><td>整体卫生间或集成卫生间</td><td>100%</td><td>工厂生产、现场干式工法施工，施工速度快，防水性能好，便于检修更换，需关注产品的合理选择和工艺控制</td></tr>
<tr><td>管线分离</td><td colspan="2">给排水管线</td><td>同层排水、管线集成敷设于吊顶、集成厨房或集成卫生间等</td><td>≥ 60%*</td><td>可实现管线检修、维护和更换，提升建筑可维护性和延长建筑寿命</td></tr>
<tr><td rowspan="2">加分项</td><td colspan="3">信息化技术应用</td><td>BIM 技术等</td><td>全过程应用</td><td>提高设计、加工和施工阶段全过程、全专业的协同，提高建造效率，保障建筑质量和品质，提升建筑运行期间的维护水平</td></tr>
<tr><td colspan="3">绿色建筑</td><td>绿色建筑相关技术</td><td>二星或三星</td><td>节约资源，保护环境，减少污染，提供健康、适用、高效的使用空间</td></tr>
</table>

注：方案中列举的加“*”的比例为最低应用比例要求，实际工程实施过程中，应以实施综合效益为目标，合理选择实施比例。

居住建筑系统集成方案二的主要特点如下：

（1）主体结构系统采用钢结构体系，可采用的结构体系类型包括：钢框架结构、钢框架－支撑结构、钢框架－现浇混凝土核心筒结构、钢管混凝土框架－现浇混凝土核心筒结构等。竖向构件可采用钢柱或钢管混凝土柱等，水平构件采用钢梁，楼板可选择压型钢板组合楼板、钢筋桁架楼承板或其他免支模预制楼板。在主体结构技术方案选型和设计过程中，应注意钢结构构件与内装修的协调，避免主体结构构件对建筑室内效果的影响，同时应加强钢构件的外装饰、防腐、防火处理，提升建筑质量和品质。近年来多家企业和科研单位研发了适用于装配式钢结构住宅的主体结构形式，在解决室内“露梁露柱、钢构件外饰面品质、钢构件防腐防火性能”等问题方面取得了较好的实施效果，在具体项目实施过程中可综合考虑选用合适的主体结构形式。

（2）外围护系统可采用蒸压加气混凝土板材或幕墙等。蒸压加气混凝土板材具有自重轻、连接方便、构造简单、保温性能好等优点，可实现工厂自动化生产、现场装配化安装，工业化程度高，近年来在建筑外围护结构中得到较为广泛的应用。幕墙系统具有技术成熟、物理性能好、现场装配化程度高等优点，在部分高品质住宅中有较为广泛的应用。钢结构住宅在应用过程中需要重点提升的是外墙防水、防腐、保温等性能，因此应充分重视钢结构住宅围护结构的技术方案选型、外墙构造与施工工艺。

钢结构住宅宜优先选用可实现管线分离和检修维护的隔墙产品。内隔墙可采用蒸压加气混凝土等轻质混凝土板材或轻钢龙骨隔墙等产品，此类隔墙产品在应用过程中应细化其与主体结构钢构件的连接构造和施工工艺，提升建筑室内装修质量和品质。考虑到钢结构在装修改造过程中易造成防火、防腐构造和主体结构的破坏，钢结构住宅宜优先选用可实现管线分离和检修维护的隔墙产品。

（3）钢结构住宅中有必要大力推广应用装配式装修技术和产品，实现机电管线的分离。同时住宅厨房和卫生间区域容易形成潮湿环境，为避免腐蚀钢结构构件，同时进一步提升厨房、卫生间的防水性能，建议在钢结构住宅中应用集成厨房和整体卫生间产品。

国内外大量的工程案例表明，钢结构住宅各大系统的技术方案选型和系统之间集成方案的合理性决定了钢结构住宅的质量和品质。在具体工程实践过程中，可以以本集成方案为基础，结合近年来研发和应用的新产品、新技术，进一步细化和完善集成技术方案。

4.1.2 公共建筑

1. 公共建筑系统集成方案一

办公类建筑作为标准化程度较高的公共建筑，是装配式技术应用的主要建筑类型之一。结合其自身特点，装配式建筑系统集成应用的重点应该聚焦于主体结构高效建造，围护结构保温装饰一体化、高品质及耐久性能提升，以及日常检修维护和改造较频繁部位的装配式装修技术应用等方面。按照主体结构的不同技术选择，办公类建筑系统集成方案分为集成方案一（“混凝土结构方案”）和集成方案二（“钢结构方案”），两类方案均可实现A（BJ）级装配式建筑评价等级要求。

A（BJ）级办公类公共建筑“混凝土结构方案”详见表 4–4。

表 4–4 A（BJ）级公共建筑系统集成方案一

集成方案		适宜技术方案	比例	技术特点
主体结构	竖向预制构件	预制柱、预制剪力墙等	≥ 35%*	技术成熟，与水平构件合理结合应用可实现高效建造
	水平预制构件	预制梁、叠合板、预制预应力楼板、预制楼梯等	≥ 70%*	技术成熟，与竖向构件合理搭配可实现高效建造；应尽量实现水平构件少支撑免支模施工
围护墙和内隔墙	围护墙非砌筑非现浇	幕墙、蒸压加气混凝土板材、夹芯保温外挂墙板等	≥ 60%*	外墙可实现工厂加工、现场装配化施工，减少外墙湿作业量，提升外墙质量、品质和耐久性能
	围护墙与保温、装饰一体化	幕墙、夹芯保温外挂墙板等	≥ 50%*	外墙实现结构保温装饰一体化，施工速度快，现场作业量少，外墙防水、保温、耐久性能好、品质高

表 4-4（续）

集成方案			适宜技术方案	比例	技术特点
围护墙和内隔墙	内隔墙非砌筑		蒸压加气混凝土板材、轻钢龙骨隔墙等	≥ 60%*	技术成熟，质量易控制，现场施工效率高
装修和设备管线	全装修		—	全面应用	可实现主体、围护、装修和机电管线一体化设计、一体化实施，避免后期装修过程中的拆改、资源浪费
	干式工法楼地面		架空地面等	≥ 70%*	可实现地面机电管线分离，方便管线检修和维护，减少地面湿作业量和全生命周期的资源浪费，需重点关注技术产品选择与工艺控制
	管线分离	电气管线	管线集成敷设于吊顶、管线装修一体化内隔墙、架空地面内等	≥ 60%*	实现管线检修、维护和更换，提升建筑可维护性和延长建筑寿命
		给排水管线	管线集成敷设于吊顶、管线装修一体化内隔墙、架空地面内等	≥ 60%*	
		供暖管线	管线明装或集成敷设于吊顶、架空地面内等	≥ 70%*	
加分项	信息化技术应用		BIM 技术等	全过程应用	提高设计、加工和施工阶段全过程、全专业的协同，提高建造效率，保障建筑质量和品质，提升建筑运行期间的维护水平
	绿色建筑		绿色建筑相关技术	二星或三星	节约资源，保护环境，减少污染，提供健康、适用、高效的使用空间

注：方案中列举的加“*”的比例为最低应用比例要求，实际工程实施过程中，应以实施综合效益为目标，合理选择实施比例。

公共建筑系统集成方案一的主要特点如下：

（1）主体结构系统采用免支模少支撑的技术体系，包括装配式框架结构体系、装配式框架-剪力墙结构体系等。竖向预制构件采用预制柱、预制剪力墙等，水平预制构件采用预制梁、叠合板、预制楼梯、预制预应力楼板等。竖向及水平预制构件均采用工厂生产、装配化施工，加工和施工工艺相对成熟，工业化程度高。在主体结构技术方案选型和设计过程中，应注重梁柱节点设计、楼板选型，以实现水平构件少支撑、免支模施工，提高建造效率和装配式技术实施效益。竖向预制构件的布置应综合考虑建造效率和实施效益，集成方案中的实施比例仅为最低要求，同一工程中宜避免预制柱与现浇柱混用的情况。

（2）外围护系统采用集保温装饰一体化的围护结构，如幕墙、夹芯保温外挂墙板等。幕墙技术在国内外已经被广泛采用，并积累了丰富的工程应用经验，外围护结构可采用集围护、保温、装饰一体化的幕墙系统。夹芯保温外挂墙板可实现围护墙体与保温、装饰材料一体化成型，具有良好的防水、保温、防火和耐久性能，可提升建筑外墙的质量和品质。夹芯保温外挂墙板采用工厂化生产，装配化施工，工业化程度高，现场无湿作业、降低劳动强度、提高施工建造速度，相关技术成熟可靠。应用过程中应重点关注外挂墙板在加工、施工阶段的工艺和质量控制。

内隔墙采用非砌筑的成型板材，如蒸压加气混凝土板材、轻钢龙骨隔墙等。蒸压加气混凝土板材具备节能环保、施工便利、隔音性能优良等优点；而轻钢龙骨隔墙具有材料节能环保、重量轻、施工快捷方便、布局灵活可调、易于拆除、可实现管线分离等优势。

（3）结合办公类建筑使用功能的特点，在装配式装修方面推广应用干式工法楼地面技术，如架空龙骨地面、模块式地面等。机电管线可集成布置在吊顶或干式工法楼地地面空腔中，以便于维修和更换，从而更好地适应办公类建筑的功能空间调整需求。

以上集成技术方案的应用可实现办公类建筑的主体结构高效建造，提升围护结构的质量品质和工业化建造水平，并通过部分装配式装修技术的应用，实现建筑全生命周期的灵活可变和长寿化。但在具体项目实施过程中，应关注技术产品的合理选择和最终实施效益的达成。

2. 公共建筑系统集成方案二

钢结构基于自重轻、抗震性能好、施工速度快、工业化建造水平高等特点，在国内外的公共建筑中均得到了较广泛的应用。我国办公类建筑应用钢结构体系时，通常采用钢框架－支撑结构或钢框架－混凝土核心筒（剪力墙）结构体系。针对钢结构办公类建筑，表 4–5 给出了满足 A（BJ）级装配式建筑评价等级要求的集成方案。

表 4–5　A（BJ）级公共建筑系统集成方案二

集成方案		适宜技术方案	比例	技术特点
主体结构	竖向预制构件	钢柱、钢管混凝土柱等	—	技术成熟，施工速度快，装配化程度高，自重轻，抗震性能好，应用规模大
	水平预制构件	钢梁、钢楼梯、钢筋桁架楼承板、免支模免支撑楼板等	100%	技术成熟，适用性强，工业化程度高，实施难度低
围护墙和内隔墙	围护墙非砌筑非现浇	蒸压加气混凝土板材、幕墙等	≥ 60%*	干式工法作业，施工速度快，工业化程度高
	围护墙与保温、装饰一体化	幕墙等	≥ 50%*	外墙实现结构保温装饰一体化，施工速度快，现场作业量少，外墙防水、保温、耐久性能好、品质高

表 4–5（续）

集成方案			适宜技术方案	比例	技术特点
围护墙和内隔墙	内隔墙非砌筑		蒸压加气混凝土板材、轻钢龙骨隔墙等	≥ 60%*	干式工法作业，施工速度快，与主体结构匹配性好，部分墙体可实现管线分离
装修和设备管线	全装修		—	全面应用	可实现主体、围护、装修和机电管线一体化设计、一体化实施，避免后期装修过程中的拆改、资源浪费
装修和设备管线	干式工法楼地面		架空地面等	100%	可实现地面机电管线分离，方便管线检修和维护，减少地面湿作业量和全生命周期的资源浪费，需重点关注技术产品选择与工艺控制
装修和设备管线	管线分离	电气管线	管线集成敷设于吊顶、管线装修一体化内隔墙、架空地面内等	≥ 60%*	可实现管线检修、维护和更换，提升建筑可维护性和延长建筑寿命
装修和设备管线	管线分离	给排水管线	管线集成敷设于吊顶、管线装修一体化内隔墙、架空地面内等	≥ 60%*	
装修和设备管线	管线分离	供暖管线	管线明装或集成敷设于吊顶、架空地面内等	≥ 70%*	
加分项	信息化技术应用		BIM 技术等	全过程应用	提高设计、加工和施工阶段全过程、全专业的协同，提高建造效率，保障建筑质量和品质，提升建筑运行期间的维护水平
加分项	绿色建筑		绿色建筑相关技术	二星或三星	节约资源，保护环境，减少污染，提供健康、适用、高效的使用空间

注：方案中列举的加“*”的比例为最低应用比例要求，实际工程实施过程中，应以实施综合效益为目标，合理选择实施比例。

公共建筑系统集成方案二的主要特点如下：

（1）主体结构系统采用钢结构体系，具体的结构体系类型包括：钢框架结构、钢框架–支撑结构、钢框架–混凝土核心筒结构、钢框架–剪力墙结构、钢管混凝土框架–混凝土核心筒结构等，竖向构件可采用钢柱或钢管混凝土柱，水平构件采用钢梁，楼板可选择压型钢板组合楼板、钢筋桁架楼承板或其他免支模楼板，水平预制构件应用比例可达到或接近 100%。除传统的钢结构体系外，近年来研发和应用的钢柱（钢管混凝土柱）–预制混凝土梁组合结构体系结合了钢结构和预制混凝土结构的优点，其建造速度和工业化程度接近钢结构体系，而综合造价要显著低于传统钢结构，是办公类等公共建筑主体结构的合理选择之一。

（2）“钢结构方案”的外围护及内隔墙系统整体上与 A（BJ）级装配式公共建筑系统集成方案一（“混凝土结构方案”）的特点相似。考虑到主体结构为钢结构体系，在外围护墙体技术方案选型时，宜优先选择围护、保温、装饰一体化的轻质墙板产品，以降低外围护墙体的自重。在内隔墙技术方案选型时，钢结构建筑宜优先选用可实现管线分离和检修维护的隔墙产品，并在应用过程中细化其与主体结构钢构件的连接构造和施工工艺，提高建筑实施质量和品质。

（3）与 A（BJ）级装配式公共建筑系统集成方案一（“混凝土结构方案”）类似，宜在使用期间功能调整较频繁，机电管线检修和维护较多的区域采用装配式装修产品，并实现管线分离，提升建筑的可维护性和延长建筑寿命。

结合以上系统集成技术方案和已有工程实施经验可以发现，在合理的集成方案和技术产品选型的前提下，可以实现钢结构公共建筑的高效工业化建造，提升建筑外墙的质量和品质，确保建筑运营使用期间的可维护性，取得较好的装配式建筑实施效果。

3. 公共建筑系统集成方案三

类居住建筑兼具住宅建筑和公共建筑两者的特点，在建筑平面和使用功能方面与住宅建筑相似，具有标准化程度高的特点，其建筑外立面通常与公共建筑接近，有别于传统住宅建筑外立面造型和形态。为实现类居住建筑主体结构的高效建造，其同样可以采用装配式混凝土结构和装配式钢结构两种技术方案。下面首先针对集成方案三（“混凝土结构方案”），介绍 A（BJ）级装配式类居住建筑的系统集成方案，详见表 4–6。

表 4–6 A（BJ）级公共建筑系统集成方案三

集成方案		适宜技术方案	比例	技术特点
主体结构	竖向预制构件	预制柱、预制剪力墙等	≥ 35%*	技术成熟，与水平构件合理结合应用可实现高效建造
	水平预制构件	预制梁、叠合板、预制预应力楼板、预制楼梯等	≥ 70%*	技术成熟，与竖向构件合理搭配可实现高效建造；应尽量实现水平构件少支撑免支模施工
围护墙和内隔墙	围护墙非砌筑非现浇	幕墙、蒸压加气混凝土板材、夹芯保温外挂墙板等	≥ 60%*	外墙可实现工厂加工、现场装配化施工，减少外墙湿作业量，提升外墙质量、品质和耐久性能

表 4-6（续）

集成方案		适宜技术方案	比例	技术特点
围护墙和内隔墙	围护墙与保温、装饰一体化	幕墙、夹芯保温外挂墙板等	≥ 50%*	外墙实现结构保温装饰一体化，施工速度快，现场作业量少，外墙防水、保温、耐久性能好、品质高
	内隔墙非砌筑	蒸压加气混凝土板材、轻钢龙骨隔墙等	≥ 60%*	技术成熟，质量易控制，现场施工效率高
装修和设备管线	全装修	—	全面应用	可实现主体、围护、装修和机电管线一体化设计、一体化实施，避免后期装修过程中的拆改、资源浪费
	集成卫生间	整体卫生间或集成卫生间	100%	工厂生产、现场干式工法施工，施工速度快，防水性能好，便于检修更换，需关注产品的合理选择和工艺控制
	管线分离 给排水管线	同层排水，管线集成敷设于吊顶、管线装修一体化内隔墙、整体卫生间架空地面内等	≥ 60%*	可实现管线检修、维护和更换，提升建筑可维护性和延长建筑寿命
加分项	信息化技术应用	BIM 技术等	全过程应用	提高设计、加工和施工阶段全过程、全专业的协同，提高建造效率，保障建筑质量和品质，提升建筑运行期间的维护水平
	绿色建筑	绿色建筑相关技术	二星或三星	节约资源，保护环境，减少污染，提供健康、适用、高效的使用空间

注：方案中列举的加“*”的比例为最低应用比例要求，实际工程实施过程中，应以实施综合效益为目标，合理选择实施比例。

公共建筑系统集成方案三的主要特点如下：

（1）根据建筑平面功能布局特点及建筑高度等情况，可分别采用装配式框架结构、装配式剪力墙结构或装配式框架－剪力墙（核心筒）结构等体系。当建筑平面较规则，建筑空间布局灵活性要求高时，通常采用装配式框架结构，在建筑高度较大的情况下，为提高结构抗侧刚度和承载力，需适当设置部分剪力墙，形成装配式框架－剪力墙（核心筒）结构。仅在建筑层高限制较严，框架梁对室内净高影响较大，同时室内空间分隔较小时，此类建筑才会采用剪力墙结构体系。在采用以上各类装配式结构体系时，需关注预制构件的选型、布置和连接节点构造，以降低建造过程中的钢筋绑扎、模板和支撑工作量，降低现场劳动强度，提高施工效率。此类主体结构的水平预制构件应尽量选用免支模、少支撑或免支撑产品，实现水平构件免支模、少支撑施工建造。

（2）当主体结构系统采用装配式框架结构或装配式框架–剪力墙结构体系时，外围护系统可采用集保温装饰一体化的围护墙板，如幕墙、夹芯保温外挂墙板等。

类居住建筑集成方案的内隔墙结构系统技术特点与A（BJ）级居住建筑系统集成方案一类似，可采用蒸压加气混凝土板材、轻钢龙骨隔墙或复合集成墙体等非砌筑内隔墙，具体详见A（BJ）级居住建筑系统集成方案一。

（3）结合类居住建筑使用功能的特点，在装配式装修方面推广应用整体卫生间和给排水管线分离技术。应用整体卫生间时，应优先选择技术成熟、质量合格产品，并重点关注卫生间机电接口、底盘与地漏接口、同层排水、地漏排水以及墙板密封等构造部位的施工工艺。在整体卫生间内，可将给排水管线敷设于干式工法墙面、集成吊顶和架空地面等地面的空腔内，结合检修口的设置，可较好地解决给排水管线检修更换困难的问题。

以上集成技术方案的应用可实现类居住建筑的主体结构高效建造，提升围护结构的质量品质和工业化建造水平，并通过部分装配式装修技术的应用，实现建筑全生命周期的灵活可变和长寿化。但在具体项目实施过程中，应关注技术产品的合理选择和最终实施效益的实现。

4. 公共建筑系统集成方案四

类居住建筑的主体结构采用钢结构体系时，通常选用钢框架–支撑结构、钢框架–剪力墙结构等体系。针对钢结构类居住建筑，表4–7给出了满足A（BJ）级装配式建筑评价等级要求的集成方案。

表4–7　A（BJ）级公共建筑系统集成方案四

集成方案		适宜技术方案	比例	技术特点
主体结构	竖向预制构件	钢柱、钢管混凝土柱等	—	技术成熟，施工速度快，装配化程度高，自重轻，抗震性能好，应用规模大
	水平预制构件	钢梁、钢筋桁架楼承板、免支模免支撑楼板、钢楼梯等	100%	技术成熟，适用性强，工业化程度高，实施难度低
围护墙和内隔墙	围护墙非砌筑非现浇	蒸压加气混凝土板材、幕墙等	≥ 60%*	干式工法作业，施工速度快，工业化程度高
	围护墙与保温、装饰一体化	幕墙等	≥ 50%*	外墙实现结构保温装饰一体化，施工速度快，现场作业量少，外墙防水、保温、耐久性能好、品质高

表 4-7（续）

集成方案			适宜技术方案	比例	技术特点
围护墙和内隔墙	内隔墙非砌筑		蒸压加气混凝土板材、轻钢龙骨隔墙等	≥ 60%*	干式工法作业，施工速度快，与主体结构匹配性好，部分墙体可实现管线分离
装修和设备管线	全装修		—	全面应用	可实现主体、围护、装修和机电管线一体化设计、一体化实施，避免后期装修过程中的拆改、资源浪费
	集成卫生间		整体卫生间或集成卫生间	100%	工厂生产、现场干式工法施工，施工速度快，防水性能好，便于检修更换，需关注产品的合理选择和工艺控制
	管线分离	给排水管线	同层排水，管线集成敷设于吊顶、管线装修一体化内隔墙、整体卫生间架空地面内等	≥ 60%*	可实现管线检修、维护和更换，提升建筑可维护性和延长建筑寿命
加分项	信息化技术应用		BIM 技术等	全过程应用	提高设计、加工和施工阶段全过程、全专业的协同，提高建造效率，保障建筑质量和品质，提升建筑运行期间的维护水平
	绿色建筑		绿色建筑相关技术	二星或三星	节约资源，保护环境，减少污染，提供健康、适用、高效的使用空间

注：方案中列举的加“*”的比例为最低应用比例要求，实际工程实施过程中，应以实施综合效益为目标，合理选择实施比例。

公共建筑系统集成方案四的主要特点如下：

（1）主体结构系统采用钢结构体系，具体的结构体系类型包括：钢框架结构、钢框架 - 支撑结构、钢框架 - 混凝土核心筒结构、钢框架 - 剪力墙结构、钢管混凝土框架 - 混凝土核心筒结构等，竖向构件可采用钢柱或钢管混凝土柱，水平构件采用钢梁，楼板可选择压型钢板组合楼板、钢筋桁架楼承板或其他免支模楼板，水平预制构件应用比例可达到或接近 100%。

（2）类居住建筑集成方案四的外围护及内隔墙系统整体上与 A（BJ）级装配式公共建筑系统集成方案二（“钢结构方案”）的特点相似。考虑到主体结构为钢结构体系，在外围护墙宜优先选择围护、保温、装饰一体化的轻质墙板产品，内隔墙宜优先选用可实现管线分离和检修维护的隔墙产品。

（3）与传统居住建筑类似，机电管线检修和维护较多的区域宜采用装配式装修产品，并实现管线分离，提升建筑的可维护性和延长建筑寿命。

以上集成技术方案的应用可实现钢结构类居住建筑的主体结构高效建造，提升围护结构的质量品质和工业化建造水平，并通过装配式装修技术的应用，实现建筑全生命周期的灵活可变和长寿化。

5. 公共建筑系统集成方案五

综合类建筑的公共区域面积大、人流量和地面荷载较大、地面敷设管线较少，结合办公类建筑的自身特点，装配式技术的实施重点应该聚焦于主体结构高效建造，围护结构保温装饰一体化、高品质及耐久性能提升，以及机电管线分离技术的应用等方面。与其他类公共建筑相似，综合类公共建筑的主体结构系统同样可以选择采用装配式混凝土结构或装配式钢结构。A（BJ）级装配式综合类公共建筑的系统集成方案，详见表 4–8。

表 4–8 A（BJ）级公共建筑系统集成方案五

集成方案		适宜技术方案	比例	技术特点
主体结构	竖向预制构件	预制柱、预制剪力墙等	≥ 35%*	技术成熟，与水平预制构件合理结合应用可实现高效建造
	水平预制构件	预制梁、叠合板、预制预应力楼板、预制楼梯等	≥ 70%*	技术成熟，与竖向构件合理搭配可实现高效建造；应尽量实现水平构件少支撑免支模施工
围护墙和内隔墙	围护墙非砌筑非现浇	幕墙、蒸压加气混凝土板材、夹芯保温外挂墙板等	≥ 60%*	外墙可实现工厂加工、现场装配化施工，减少外墙湿作业量，提升外墙质量、品质和耐久性能
	围护墙与保温、装饰一体化	幕墙、夹芯保温外挂墙板等	≥ 50%*	外墙实现结构保温装饰一体化，施工速度快，现场作业量少，外墙防水、保温、耐久性能好、品质高
	内隔墙非砌筑	蒸压加气混凝土板材、轻钢龙骨隔墙等	≥ 60%*	技术成熟，质量易控制，现场施工效率高
	内隔墙与管线、装修一体化	轻钢龙骨隔墙、复合集成墙体等	≥ 50%*	现场干式工法作业，施工速度快，工业化水平高，质量易控制；可较好的实现管线分离，提高建筑使用期间的可维护性和延长建筑寿命
装修和设备管线	全装修	—	全面应用	可实现主体、围护、装修和机电管线一体化设计、一体化实施，避免后期装修过程中的拆改、资源浪费

表 4-8（续）

集成方案			适宜技术方案	比例	技术特点
装修和设备管线	管线分离	电气管线	管线集成敷设于吊顶、管线装修一体化内隔墙内等	≥ 60%*	可实现管线检修、维护和更换，提升建筑可维护性和延长建筑寿命
		给排水管线	管线集成敷设于吊顶、管线装修一体化内隔墙内等	≥ 80%*	
		供暖管线	管线明装或集成敷设于吊顶内等	100%	
加分项	信息化技术应用		BIM 技术等	全过程应用	提高设计、加工和施工阶段全过程、全专业的协同，提高建造效率，保障建筑质量和品质，提升建筑运行期间的维护水平
	绿色建筑		绿色建筑相关技术	二星或三星	节约资源，保护环境，减少污染，提供健康、适用、高效的使用空间

注：方案中列举的加“*”的比例为最低应用比例要求，实际工程实施过程中，应以实施综合效益为目标，合理选择实施比例。

公共建筑系统集成方案五的主要特点如下：

（1）主体结构系统采用装配式框架结构、装配式框架 – 剪力墙结构等体系。竖向预制构件可采用预制柱、预制剪力墙等，水平预制构件可采用预制梁、叠合板、预制预应力楼板、预制楼梯等。预制竖向及水平构件均采用工厂生产、现场装配化施工，在合理选择技术方案和施工工艺前提下，可实现免支模少支撑高效建造，工业化程度高，且加工、施工工艺相对成熟。

（2）综合类公共建筑集成方案五的外围护结构系统技术特点与集成方案一类似，在此不再赘述。

内隔墙系统建议可采用管线装修一体化内隔墙，如轻钢龙骨隔墙、带基层墙板的复合集成墙体、装配式模块化隔墙等。管线装修一体化内隔墙具有材料节能环保、重量轻、施工快捷方便、布局灵活可调、易于改造，可实现管线分离和检修维护等优势，可较好地符合此类公共建筑的需求。

（3）装修和设备管线系统建议采用管线分离技术。电气、给排水、供暖管线可集成敷设于吊顶或管线装修一体化内隔墙内，方便检修和维护。

以上集成技术方案的应用可实现综合类公共建筑的主体结构高效建造，提升围护结构的质量品质和工业化建造水平，并通过较为全面的装配式装修技术应用，实现建筑全生命周期的灵活可变和长寿化。

6. 公共建筑系统集成方案六

综合类公共建筑往往存在平面不规则、局部大空间、大悬挑等特点，此类建筑的主体结构适合采用钢结构体系。综合类公共建筑应用钢结构体系时，通常采用钢框架（支撑）结构或钢框架－混凝土核心筒（剪力墙）结构体系。针对钢结构综合类公共建筑，表 4–9 给出了满足 A（BJ）级装配式建筑评价等级要求的集成方案。

表 4–9　A（BJ）级公共建筑系统集成方案六

集成方案		适宜技术方案	比例	技术特点
主体结构	竖向预制构件	钢柱、钢管混凝土柱等	—	技术成熟，施工速度快，装配化程度高，自重轻，抗震性能好，应用规模大
	水平预制构件	钢梁、钢楼梯、钢筋桁架楼承板、免支模免支撑楼板等	100%	技术成熟，适用性强，工业化程度高，实施难度低
围护墙和内隔墙	围护墙非砌筑非现浇	蒸压加气混凝土板材、幕墙等	≥ 60%*	干式工法作业，施工速度快，工业化程度高
	围护墙与保温、装饰一体化	幕墙等	≥ 50%*	外墙实现结构保温装饰一体化，施工速度快，现场作业量少，外墙防水、保温、耐久性能好、品质高
	内隔墙非砌筑	蒸压加气混凝土板材、轻钢龙骨隔墙等	≥ 60%*	技术成熟，质量易控制，现场施工效率高
	内隔墙与管线、装修一体化	轻钢龙骨隔墙、复合集成墙体等	≥ 50%*	现场干式工法作业，施工速度快，工业化水平高，质量易控制；可较好地实现管线分离，提高建筑使用期间的可维护性和延长建筑寿命
装修和设备管线	全装修	—	全面应用	可实现主体、围护、装修和机电管线一体化设计、一体化实施，避免后期装修过程中的拆改、资源浪费

表 4-9（续）

集成方案			适宜技术方案	比例	技术特点
装修和设备管线	管线分离	电气管线	管线集成敷设于吊顶、管线装修一体化内隔墙内等	≥ 60%*	可实现管线检修、维护和更换，提升建筑可维护性和延长建筑寿命
		给排水管线	管线集成敷设于吊顶、管线装修一体化内隔墙内等	≥ 80%*	
		供暖管线	管线明装或集成敷设于吊顶内等	100%	
加分项	信息化技术应用		BIM 技术等	全过程应用	提高设计、加工和施工阶段全过程、全专业的协同，提高建造效率，保障建筑质量和品质，提升建筑运行期间的维护水平
	绿色建筑		绿色建筑相关技术	二星或三星	节约资源，保护环境，减少污染，提供健康、适用、高效的使用空间

注：方案中列举的加“*”的比例为最低应用比例要求，实际工程实施过程中，应以实施综合效益为目标，合理选择实施比例。

公共建筑系统集成方案六主要特点如下：

（1）主体结构系统采用钢结构体系，具体的结构体系类型包括：钢框架结构、钢框架 – 支撑结构、钢框架 – 混凝土核心筒结构、钢框架 – 剪力墙结构、钢管混凝土框架 – 混凝土核心筒结构等，竖向构件可采用钢柱或钢管混凝土柱，水平构件采用钢梁，楼板可选择压型钢板组合楼板、钢筋桁架楼承板或其他免支模楼板，水平预制构件应用比例可达到或接近 100%。与集成方案二类似，在综合类公共建筑中同样可以采用钢柱（钢管混凝土柱）– 预制混凝土梁组合结构体系，在提升主体结构工业化建造水平的同时，可进一步降低建造成本。

（2）综合类公共建筑系统集成方案六的外围护系统技术特点与集成方案二类似，内隔墙系统技术特点与集成方案五类似，在此不再赘述。

（3）与 A（BJ）级装配式公共建筑系统集成方案五（“混凝土结构方案”）类似，宜优先采用管线分离技术。电气、给排水、供暖管线集成敷设于吊顶或管线装修一体化内隔墙内，方便检修和维护。

以上集成技术方案的应用可实现钢结构综合类公共建筑的主体结构高效建造，提升围护结构的质量品质和工业化建造水平，并通过较为全面的装配式装修技术应用，实现建筑全生命周期的灵活可变和长寿化。但在具体项目实施过程中，应关注技术产品的合理选择和最终实施效益的达成。

4.2　典型案例分析

本节选取了 3 个 A（BJ）级装配式建筑典型案例，分析了其技术特点，供工程技术人员参考借鉴。

4.2.1　典型案例一（居住建筑）

1. 装配式建筑系统集成方案

某项目位于房山区，建成于 2017 年，是北京地区首批全面采用装配式建筑的住宅项目。该项目共有 12 栋高层住宅楼，均采用装配式剪力墙结构，层数分别为 10 层、11 层和 21 层，层高 2.8m。该项目以装配式建筑系统集成理念贯穿方案及施工图等设计阶段，最大限度提高标准化水平、提升建筑质量和品质，提高建造效率，降低建造成本。

该项目在前期开展了装配式建筑技术方案策划，住宅楼栋应用竖向预制及水平预制构件，外围护应用保温装饰一体化围护墙，内隔墙应用非砌筑内隔墙，装修和设备管线应用集成卫生间，同时实施绿色建筑。装配式建筑技术策划方案具体见表 4–10。

表 4–10　装配式建筑技术策划方案

项目	集成方案	采用技术方案
主体结构	竖向预制构件	夹芯保温外墙板、预制内墙板等
	水平预制构件	叠合板、预制阳台板、预制楼梯等
围护墙和内隔墙	围护墙非砌筑非现浇	夹芯保温外墙板
	围护墙与保温、装饰一体化	夹芯保温外墙板
	内隔墙非砌筑	蒸压加气混凝土板材
装修和设备管线	全装修	—
	集成卫生间	整体卫生间
加分项	信息化	BIM 技术等
	绿色建筑	三星级

（1）主体结构系统。该项目住宅楼采用装配式剪力墙结构体系，采用的预制构件包括夹芯保温外墙板、预制内墙板、预制女儿墙、叠合板、预制楼梯、预制阳台板等。主体结构装配率高，各住宅楼均从首层顶开始采用水平预制构件；10 层、11 层住宅楼从首层开始应用夹芯保温外墙板、预制内墙板等竖向预制构件，实现外墙全装配化施工，减少外脚手架和外墙现场施工湿作业量，有效提升外墙施工质量，提高施工效率，标准层预制构件布置图见图 4–1。

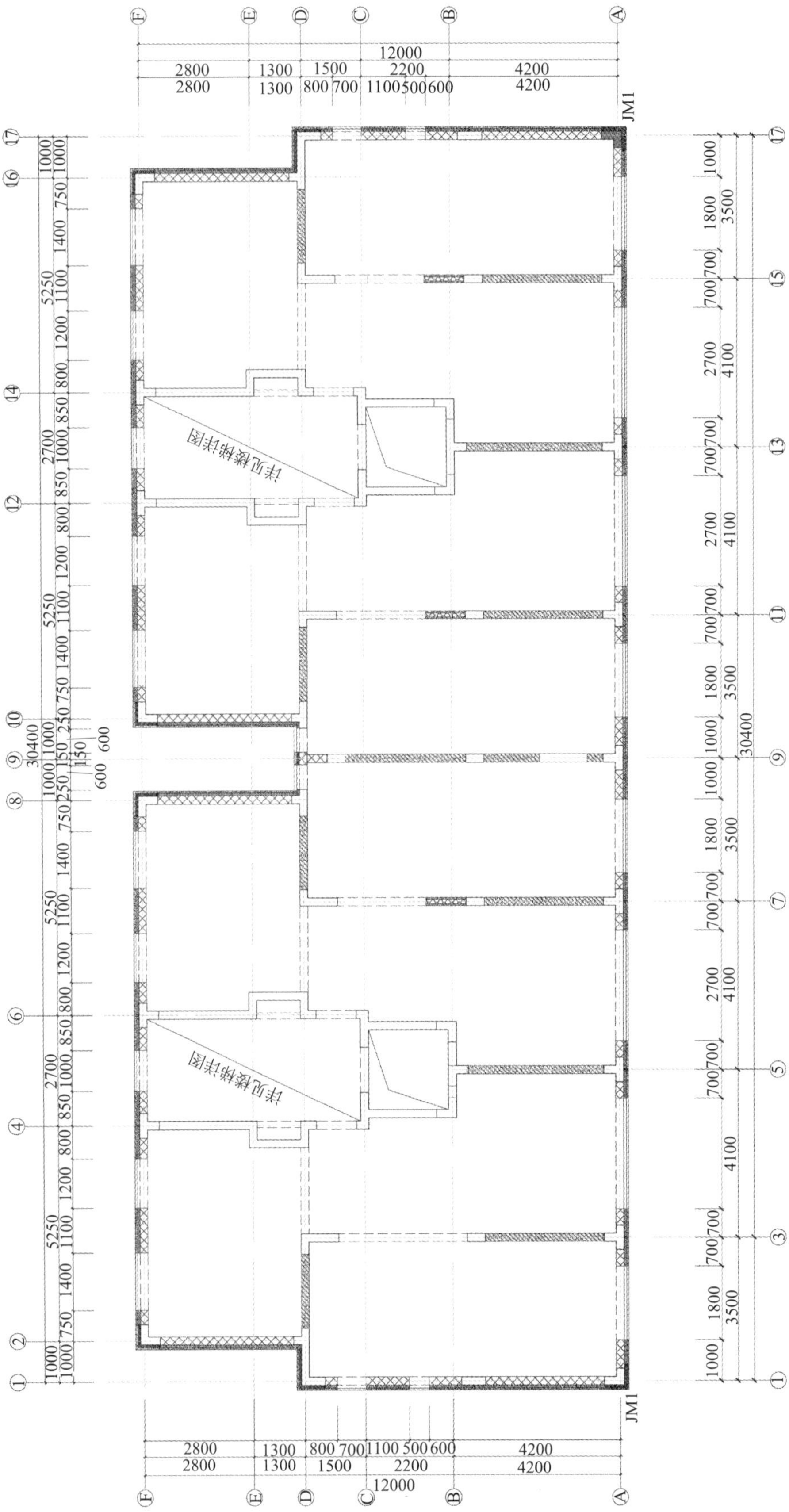

（a）标准层竖向预制构件布置图

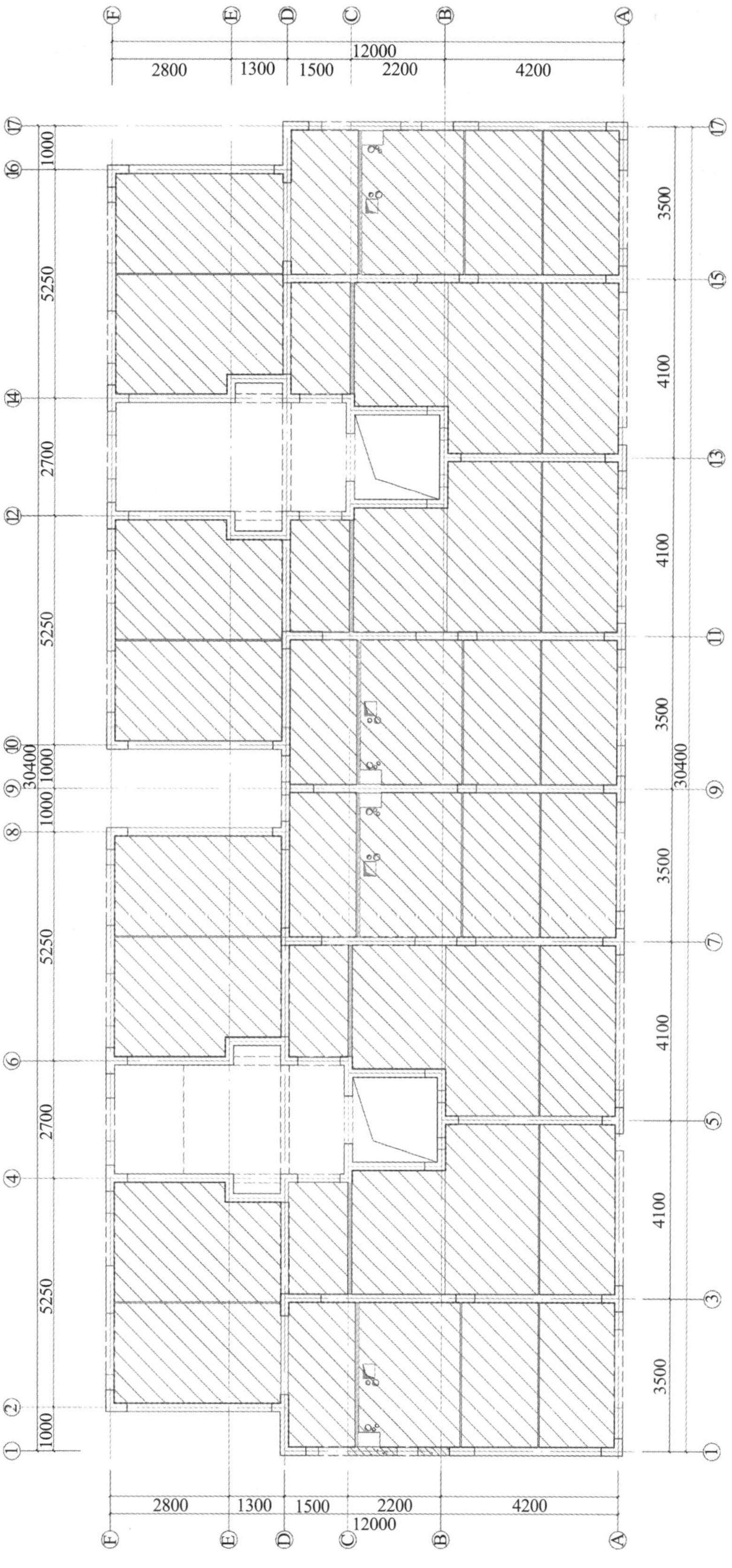

（b）标准层水平预制构件布置图

图 4-1 标准层预制构件布置图

（2）外围护和内隔墙系统。该项目住宅立面简洁，外围护系统采用夹芯保温外墙板及预制女儿墙，夹芯保温外墙板集结构、保温、装饰一体化，可同时实现外围护结构非砌筑非现浇及保温装饰一体化；外饰面采用瓷板反打技术，在工厂一体化加工、现场一次性安装到位，充分发挥夹芯保温墙板外墙作业量少、一体化程度高及外饰面耐久性好的优势。该项目内隔墙采用轻质混凝土板材，实现内隔墙非砌筑施工，同时轻质混凝土板材具有节能环保、施工便捷、隔音性能较好等优点。

（3）装修和设备管线系统。该项目全装修交付，土建与装修设计、施工一体化，避免现场二次作业；卫生间采用标准整体卫生间产品，包括干式工法墙面、集成吊顶及整体防水底盘，设计阶段特别关注机电管线预留、接口密封等技术措施以提升整体卫生间的施工质量；通过局部降板实现整体卫生间同层排水，给排水管线敷设于集成吊顶、干式工法墙面体空腔内，便于建筑使用期间管线的检修、维护。

2. 解析与评价

本部分以该项目某住宅单体为例展开具体实施方案解析。项目设计建造时间早于北京市地方标准《装配式建筑评价标准》DB11/T 1831—2021 实施时间，按现行评价标准测算装配率为 71.3%，评价为 A（BJ）级装配式建筑，详见表 4–11。

表 4–11　典型案例一某楼栋装配率评分表

<table>
<tr><th colspan="3">评价项</th><th>评价要求</th><th>评价分值 / 分</th><th>最低分值 / 分</th><th>比例 / %</th><th>得分 / 分</th></tr>
<tr><td rowspan="2">主体结构 Q1（45 分）</td><td colspan="2">柱、支撑、承重墙、延性墙板等竖向构件</td><td>35% ≤比例≤ 80%</td><td>20 ~ 30*</td><td rowspan="2">15</td><td>67.8</td><td>27.3</td></tr>
<tr><td colspan="2">梁、楼板、屋面板、楼梯、阳台、空调板等构件</td><td>70% ≤比例≤ 80%</td><td>10 ~ 15*</td><td>84.9</td><td>15.0</td></tr>
<tr><td rowspan="4">围护墙和内隔墙 Q2（20 分）</td><td colspan="2">围护墙非砌筑非现浇</td><td>比例≥ 60%</td><td>5</td><td rowspan="4">10</td><td>100</td><td>5.0</td></tr>
<tr><td colspan="2">围护墙与保温、装饰一体化</td><td>50% ≤比例≤ 80%</td><td>2 ~ 5*</td><td>100</td><td>5.0</td></tr>
<tr><td colspan="2">内隔墙非砌筑</td><td>比例≥ 60%</td><td>5</td><td>100</td><td>5.0</td></tr>
<tr><td colspan="2">内隔墙与管线、装修一体化</td><td>50% ≤比例≤ 80%</td><td>2 ~ 5*</td><td></td><td></td></tr>
<tr><td rowspan="4">装修和设备管线 Q3（35 分）</td><td colspan="2">全装修</td><td>—</td><td>5</td><td>5</td><td></td><td>5.0</td></tr>
<tr><td rowspan="2">公共区域装修采用干式工法</td><td>公共建筑</td><td>比例≥ 70%</td><td rowspan="2">3</td><td rowspan="3">6</td><td></td><td></td></tr>
<tr><td>居住建筑</td><td>比例≥ 60%</td><td></td><td></td></tr>
<tr><td colspan="2">干式工法楼面、地面</td><td>70% ≤比例≤ 90%</td><td>3 ~ 6*</td><td></td><td></td></tr>
</table>

表 4-11（续）

评价项			评价要求	评价分值 / 分	最低分值 / 分	比例 / %	得分 / 分
装修和设备管线 Q3（35 分）	集成厨房		70% ≤比例 ≤ 90%	3 ~ 6*	6		
	集成卫生间		70% ≤比例 ≤ 90%	3 ~ 6*		100	6.0
	管线分离	电气管线	60% ≤比例 ≤ 80%	2 ~ 5*			
		给排水管线	60% ≤比例 ≤ 80%	1 ~ 2*			
		供暖管线	70% ≤比例 ≤ 100%	1 ~ 2*			
加分项 Q5（6 分）	信息化技术应用		设计、生产、施工全过程应用	3	—		
	绿色建筑评价星级等级		二星级	2			
			三星级	3			3.0
装配率			68.3 /100 × 100%+3%=71.3%				

注：表中带“*”项的分值采用“内插值”计算，计算结果取小数点后 1 位。

该项目作为北京市首批应用装配式建筑技术的住宅项目，标准化模数化程度高、主体结构与外围护系统集成度高，以现行标准评价，基本实现了 A（BJ）级装配式建筑预期效益。该项目最大限度遵循标准化、模数化理念进行户型设计，共有 2 种住宅楼平面，楼梯间规格共有 2 种，阳台规格仅有 1 种；建筑设计遵守模数协调原则，剪力墙开间进深尺寸、厨卫尺寸、楼梯尺寸以及门窗洞口尺寸等均符合基本模数要求，预制构件标准化程度高。该项目主体结构系统与外围护系统集成度高，外墙采用结构保温装饰一体化的夹芯保温外墙板，提升建筑质量和品质；装修与设备管线系统采用了集成度高的整体卫生间技术，降低现场湿作业量。同类项目实施过程中可在该项目基础上提高管线分离技术应用范围，进一步提升建筑使用期间管线的可检修性、可维护性。

4.2.2 典型案例二（居住建筑）

1. 装配式建筑系统集成方案

某项目位于北京市昌平区，共有 14 栋住宅楼，地上最高 18 层，各住宅单体均采用装配式剪力墙结构体系；该项目全过程遵循标准化、模数化设计理念，全项目共采用了 26

种竖向预制构件和 12 种水平预制构件，在降低建造成本的同时提升了建造效率。

该项目在前期开展了装配式建筑技术方案策划，住宅楼栋应用竖向预制及水平预制构件，外围护应用保温装饰一体化围护墙，内隔墙应用非砌筑内隔墙，装修和设备管线应用集成厨房、集成卫生间。装配式建筑技术策划方案具体见表 4–12。

表 4–12　装配式建筑技术策划方案

系统	集成方案	采用技术方案
主体结构	竖向预制构件	夹芯保温外墙板、预制内墙板等
	水平预制构件	叠合板、预制阳台板、预制楼梯等
围护墙和内隔墙	围护墙非砌筑非现浇	夹芯保温外墙板
	围护墙与保温、装饰一体化	夹芯保温外墙板
	内隔墙非砌筑	蒸压加气混凝土板材
装修和设备管线	全装修	—
	集成厨房	集成墙面、集成吊顶等
	集成卫生间	整体卫生间

（1）主体结构系统。该项目住宅楼采用装配式剪力墙结构体系，采用的预制构件包括夹芯保温外墙板、预制内墙板、PCF 板、叠合板、预制空调板、预制楼梯等。各住宅楼从首层顶开始应用水平预制构件，从二层开始应用夹芯保温外墙板、预制内墙板等竖向预制构件，预制构件类型少，以标准化技术有效提高装配式建筑的工厂生产及现场建造效率，某楼栋标准层预制构件布置见图 4–2。

（2）外围护与内隔墙系统。该项目外围护系统采用夹芯保温外墙板，角部竖向后浇段采用 PCF 板以统一外立面效果，夹芯保温外墙板集结构、保温、装饰一体化，可同时实现外围护结构非砌筑非现浇及保温装饰一体化；外饰面结合项目立面设计在工厂一体化加工、现场一次性安装到位，充分发挥夹芯保温墙板外墙作业量少、一体化程度高及外饰面耐久性好的优势。

该项目内隔墙采用轻质混凝土板材，实现内隔墙非砌筑施工，同时轻质混凝土板材具有节能环保、施工便捷、隔音性能较好等优点。

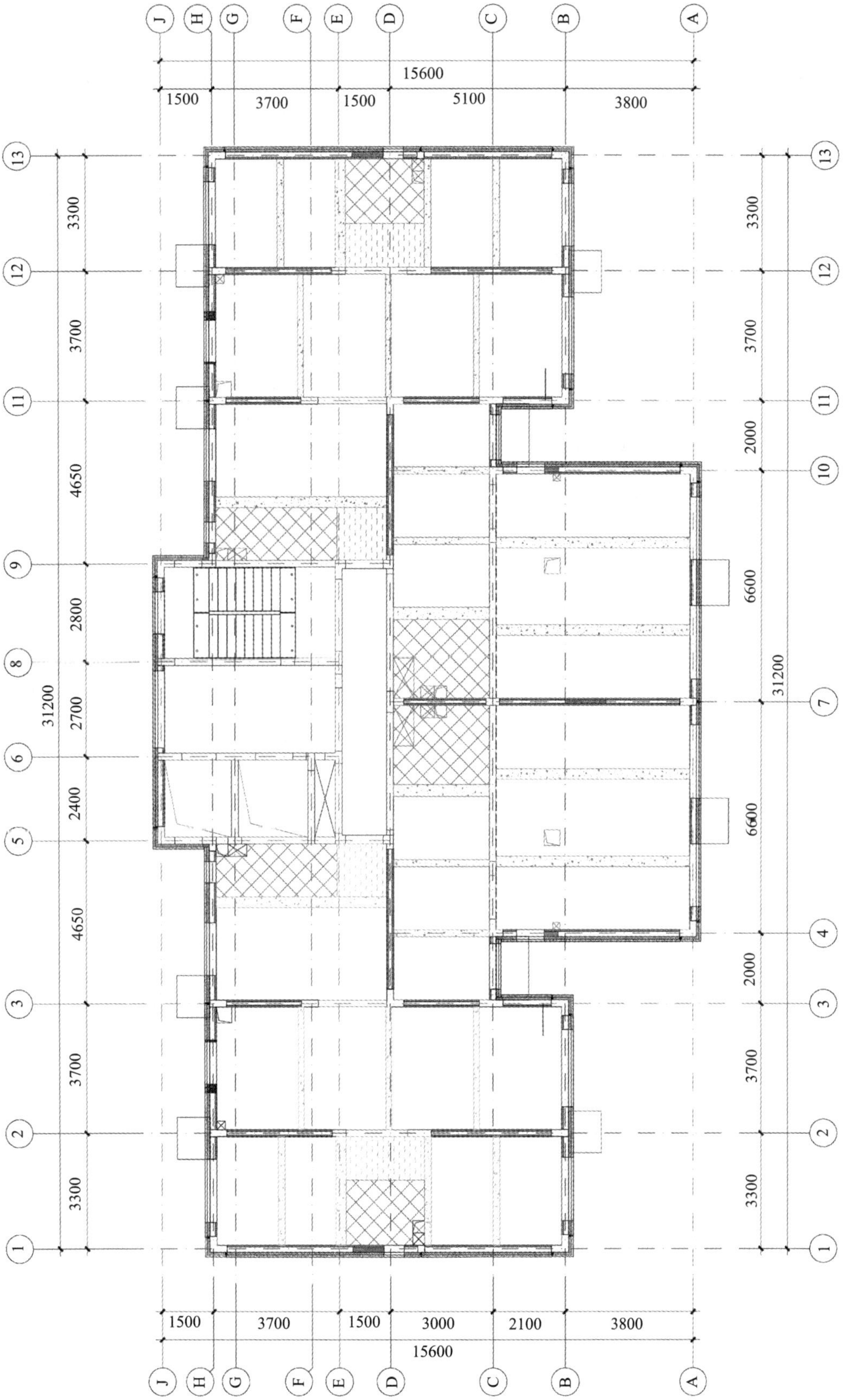

图 4–2 某楼栋竖向预制构件布置图

（3）装修和设备管线系统。本项目住宅为精装修交付，土建与装修设计、施工一体化，避免现场二次作业；厨房及卫生间采用集成厨房、集成卫生间（图 4–3）等，采用的装配式装修技术包括干式工法墙面和集成吊顶，管线敷设于集成吊顶、干式工法墙面空腔内，便于建筑使用期间管线的检修、维护，实施阶段对机电管线预留、接口密封等细节进行重点管控。

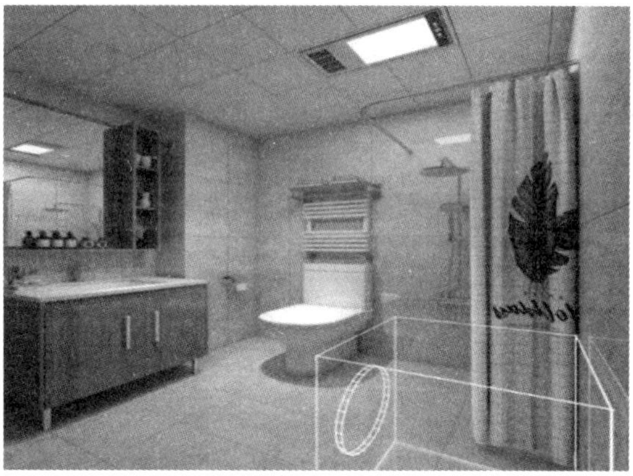

图 4–3　集成卫生间效果图

2. 解析与评价

本部分以该项目某住宅单体为例展开具体实施方案解析。项目设计建造时间早于北京市地方标准《装配式建筑评价标准》DB11/T 1831—2021 实施时间，按现行评价标准测算，其计算装配率为 64.5%，评价为 A（BJ）级装配式建筑，详见表 4–13。

表 4–13　典型案例典型楼栋装配率评分表

评价项		评价要求	评价分值 / 分	最低分值 / 分	比例 / %	得分 / 分
主体结构 Q1（45 分）	柱、支撑、承重墙、延性墙板等竖向构件	35% ≤比例≤ 80%	20 ~ 30*	15	46	22.4
	梁、楼板、屋面板、楼梯、阳台、空调板等构件	70% ≤比例≤ 80%	10 ~ 15*		79	14.5
围护墙和内隔墙 Q2（20 分）	围护墙非砌筑非现浇	比例≥ 60%	5	10	80	5.0
	围护墙与保温、装饰一体化	50% ≤比例≤ 80%	2 ~ 5*		80	5.0
	内隔墙非砌筑	比例≥ 60%	5		60	5.0
	内隔墙与管线、装修一体化	50% ≤比例≤ 80%	2 ~ 5*			

表 4–13（续）

<table>
<tr><th colspan="3">评价项</th><th>评价要求</th><th>评价分值 / 分</th><th>最低分值 / 分</th><th>比例 / %</th><th>得分 / 分</th></tr>
<tr><td rowspan="9">装修和设备管线 Q3（35 分）</td><td colspan="2">全装修</td><td>—</td><td>5</td><td>5</td><td></td><td>5.0</td></tr>
<tr><td rowspan="2">公共区域装修采用干式工法</td><td>公共建筑</td><td>比例≥ 70%</td><td rowspan="2">3</td><td rowspan="8">6</td><td></td><td></td></tr>
<tr><td>居住建筑</td><td>比例≥ 60%</td><td></td><td></td></tr>
<tr><td colspan="2">干式工法楼面、地面</td><td>70% ≤比例≤ 90%</td><td>3 ~ 6*</td><td></td><td></td></tr>
<tr><td colspan="2">集成厨房</td><td>70% ≤比例≤ 90%</td><td>3 ~ 6*</td><td>75</td><td>3.8</td></tr>
<tr><td colspan="2">集成卫生间</td><td>70% ≤比例≤ 90%</td><td>3 ~ 6*</td><td>75</td><td>3.8</td></tr>
<tr><td rowspan="3">管线分离</td><td>电气管线</td><td>60% ≤比例≤ 80%</td><td>2 ~ 5*</td><td></td><td></td></tr>
<tr><td>给排水管线</td><td>60% ≤比例≤ 80%</td><td>1 ~ 2*</td><td></td><td></td></tr>
<tr><td>供暖管线</td><td>70% ≤比例≤ 100%</td><td>1 ~ 2*</td><td></td><td></td></tr>
<tr><td rowspan="3">加分项 Q5（6 分）</td><td colspan="2">信息化技术应用</td><td>设计、生产、施工全过程应用</td><td>3</td><td>—</td><td></td><td></td></tr>
<tr><td colspan="2" rowspan="2">绿色建筑评价星级等级</td><td>二星级</td><td>2</td><td></td><td></td><td></td></tr>
<tr><td>三星级</td><td>3</td><td></td><td></td><td></td></tr>
<tr><td colspan="3">装配率</td><td colspan="5">64.5 /100 × 100%=64.5%</td></tr>
</table>

注：表中带“*”项的分值采用“内插值”计算，计算结果取小数点后 1 位。

该项目标准化模数化程度高、主体结构与外围护系统集成度高，以现行标准评价，基本实现了 A（BJ）级装配式建筑预期效益。该项目户型规格少、立面简洁、预制构件标准化程度高，有效控制了整体建造成本，提升了实施装配式建造的综合效益；该项目主体结构系统与外围护系统集成度高，外墙采用结构保温装饰一体化的夹芯保温外墙板，提升建筑质量和品质；装修与设备管线系统采用集成厨房、集成卫生间等技术，降低现场湿作业量。同类项目实施过程中可在该项目基础上提高管线分离技术应用范围，进一步提升建筑使用期间管线的可检修性、可维护性。

4.2.3 典型案例三（公共建筑）

1. 装配式建筑系统集成方案

某学校建设项目位于北京市通州区，各教学楼主楼及运动场均采用装配式钢结构。该项目 $1^{\#}$ ~ $9^{\#}$ 教学楼主楼为多层钢结构，最高层数为 5 层，篮球馆和综合训练馆为网架结构，整体采用鱼骨状形态布局，利用中庭和走廊连通各功能空间；同时该项目采用标准化轴网设计，核心筒、卫生间、楼电梯统一布置，平面功能设计完整统一、布局合理，有利于钢结构构件标准化，便于构件加工预制和安装施工。

该项目在前期开展了装配式建筑技术方案策划，教学楼主楼主体结构应用装配式钢结构体系，外围护采用非砌筑非现浇墙体，内隔墙应用非砌筑内隔墙，装修和设备管线主要应用管线分离技术，同时实施绿色建筑。装配式建筑技术策划方案具体见表 4–14。

表 4–14 装配式建筑技术策划方案

项目	集成方案	适宜技术方案
主体结构	竖向预制构件	钢柱
	水平预制构件	钢梁、网架、钢筋桁架楼承板等
围护墙和内隔墙	围护墙非砌筑非现浇	蒸压加气混凝土板材
	内隔墙非砌筑	蒸压加气混凝土板材
装修和设备管线	全装修	—
	管线分离	电气、给排水管线分离
加分项	绿色建筑	绿色建筑相关技术

（1）主体结构系统。该项目教学楼主楼地上采用钢框架结构，局部采用网架结构和桁架结构，应用的预制构件包括钢柱、钢梁、钢筋桁架楼承板和预制楼梯等。楼板、屋面板均采用钢筋桁架楼承板，二层及以上楼梯梯段板采用预制楼梯板，主体结构水平构件免支模比例高。该项目楼板采用钢筋桁架楼承板，重量轻、安装铺设便捷，可实现楼板免支模免支撑施工；其余各类钢构件由工厂加工制作，现场干式安装，工业化程度高、工期短、污染少，体现了装配化建造优势。

（2）外围护和内隔墙系统。该项目外围护墙采用蒸压加气混凝土板材、局部采用预制 UHPC 板（预制高性能混凝土板），实现围护墙非砌筑。外围护系统采用蒸压加气混凝土板材，外贴岩棉保温板，立面选用真石漆涂料；建筑入口处局部采用预制 UHPC 板，具备轻质、高强、耐久的优点。内隔墙采用蒸压加气混凝土板材，实现内隔墙非砌筑。轻质混凝土板材、预制 UHPC 板均为工厂预制生产现场安装，施工简单快捷，有利于提高施工效率与工程质量。

（3）装修和设备管线系统。该项目为全装修交付，土建与装修设计、施工一体化，避免现场二次作业；在教学用房设计上，设置了艺术学习社区、体育学习社区、家校中心等可提供社区共享的功能空间，各功能空间都配套进行了专业完善的内装修设计。该项目对室内公共空间装修进行系统性优化，摒弃传统吊顶做法，除有声学和卫生等特殊要求的空间外，均采用无吊顶设计；同时该项目应用 BIM 技术对管线进行精细化综合排布，设备管线明敷于楼板下或敷设于吊顶或一体化内隔墙的空腔中，呈现出简洁的工业风效果，实施效果见图 4–4，实现了管线与支撑体分离，为后续学校建筑功能的发展提供更大的空间。

图 4–4　室内管线排布实景图

2. 解析与评价

本部分以该项目某教学楼主楼（钢结构）为例展开具体实施方案解析。项目设计建造时间早于北京市地方标准《装配式建筑评价标准》DB11/T 1831—2021 实施时间，按现行评价标准测算装配率为 74.8%，评价为 A（BJ）级装配式建筑，详见表 4–15。

表 4–15　教学楼装配率评分表

评价项		评价要求	评价分值 / 分	最低分值 / 分	比例 / %	得分 / 分
主体结构 Q1（45 分）	柱、支撑、承重墙、延性墙板等竖向构件	35% ≤比例≤ 80%	20 ～ 30*	15	100	30.0
	梁、楼板、屋面板、楼梯、阳台、空调板等构件	70% ≤比例≤ 80%	10 ～ 15*		96.2	15.0

表 4-15（续）

评价项			评价要求	评价分值/分	最低分值/分	比例/%	得分/分
围护墙和内隔墙 Q2（20 分）	围护墙非砌筑非现浇		比例≥ 60%	5	10	100	5.0
	围护墙与保温、装饰一体化		50% ≤比例≤ 80%	2 ～ 5*			
	内隔墙非砌筑		比例≥ 60%	5		100	5.0
	内隔墙与管线、装修一体化		50% ≤比例≤ 80%	2 ～ 5*			
装修和设备管线 Q3（35 分）	全装修		—	5	5		5.0
	公共区域装修采用干式工法	公共建筑	比例≥ 70%	3	6		
		居住建筑	比例≥ 60%				
	干式工法楼面、地面		70% ≤比例≤ 90%	3 ～ 6*			
	集成厨房		70% ≤比例≤ 90%	3 ～ 6*		—	—
	集成卫生间		70% ≤比例≤ 90%	3 ～ 6*			
	管线分离	电气管线	60% ≤比例≤ 80%	2 ～ 5*		74	4.1
		给排水管线	60% ≤比例≤ 80%	1 ～ 2*		99	2.0
		供暖管线	70% ≤比例≤ 100%	1 ～ 2*		—	—
加分项 Q5（6 分）	信息化技术应用		设计、生产、施工全过程应用	3	—		
	绿色建筑评价星级等级		二星级	2			
			三星级	3			3.0
装配率			66.1/（100−8）× 100%+3%=74.8%				

注：表中带“*”项的分值采用“内插值”计算，计算结果取小数点后 1 位。

该项目采用装配式钢结构体系，主体结构装配化程度高，以现行标准评价，基本实现了A（BJ）级装配式建筑预期效益。该项目教学楼主体结构系统采用钢结构，楼板采用钢筋桁架楼承板，实现水平构件免支模施工，提高施工效率；外围护墙和内隔墙均采用轻质混凝土板材，现场安装效率高、质量好。本项目重点推广了装配式钢结构、钢筋桁架楼承板和轻质板材，其主要部品部件均为工厂化生产，现场装配化施工，现场湿作业量少，有助于现场施工管控和垃圾减量；同时该项目大范围应用管线分离技术，便于建筑使用期间管线的检修、维护。同类项目实施过程中可在该项目基础上增加一体化内隔墙和装配式装修技术的应用，为功能空间改造升级预留可能性，同时提升建筑使用期间管线的可检修性、可维护性。

5 AA（BJ）级装配式建筑系统集成方案

本章结合装配式居住建筑、公共建筑的特点，综合分析形成1个居住建筑和4个公共建筑AA（BJ）级系统集成方案，可实现76%及以上装配率。本章提供的装配式建筑系统集成方案可供高标准商品住宅、办公、商业、学校、医院等项目类型参考。

5.1 AA（BJ）级系统集成方案

与A（BJ）级居住建筑特点一致，AA（BJ）级居住建筑也具有单元重复率高，标准化程度好，外立面形式相对简单等特点。

与基础级公共建筑分类原则一致，针对不同类型的公共建筑，按照其不同特点分为：办公类建筑、综合类建筑，并分别对其进行装配式建筑系统集成方案选型。办公类建筑标准化程度相对较高，兼具空间使用功能和布局相对多变、机电管线检修较频繁等特点；综合类建筑包括商业、学校等建筑类型，其公共区域面积大、人流量和地面荷载较大、地面敷设管线较少。

按照AA（BJ）级装配式建筑实施要求，结合装配式居住建筑和公共建筑的特点，综合分析形成1个居住建筑系统集成方案、4个公共建筑系统集成方案，详见表5-1。

表5-1 AA（BJ）级装配式建筑系统集成推荐方案汇总

方案	推荐应用范围	主体结构	围护墙和内隔墙	装修和设备管线	加分项*	技术集成特点
居住建筑方案	高标准商品住宅建设项目	装配式混凝土结构（剪力墙结构）	1. 围护墙非砌筑非现浇； 2. 围护墙与保温、装饰一体化； 3. 内隔墙非砌筑； 4. 内隔墙与管线、装修一体化	1. 干式工法楼地面； 2. 集成厨房； 3. 集成卫生间； 4. 管线分离（给排水、电气、供暖）	1. 信息化技术应用； 2. 绿色建筑	主体结构采用装配式混凝土结构，实现高效建造，围护墙结构保温装饰一体化，除公共区域外全部户内区域实施装配式装修和管线分离技术

表 5-1（续）

<table>
<tr><th>方案</th><th>推荐应用范围</th><th>主体结构</th><th>围护墙和内隔墙</th><th>装修和设备管线</th><th>加分项*</th><th>技术集成特点</th></tr>
<tr><td>公共建筑方案一</td><td rowspan="2">办公类建筑</td><td>装配式混凝土结构（框架结构等）</td><td rowspan="2">1. 围护墙非砌筑非现浇；
2. 围护墙与保温、装饰一体化；
3. 内隔墙非砌筑；
4. 内隔墙与管线、装修一体化</td><td rowspan="2">1. 干式工法楼地面；
2. 管线分离（给排水、电气、供暖）</td><td rowspan="2">1. 信息化技术应用；
2. 绿色建筑</td><td rowspan="2">主体结构采用装配式建造；围护结构采用成型板材，并实现围护结构、保温、装饰一体化，提升围护结构质量品质、耐久性能和工业化建造水平；内隔墙与管线、装修一体化，部分区域采用装配式装修和管线分离技术</td></tr>
<tr><td>公共建筑方案二</td><td>钢结构</td></tr>
<tr><td>公共建筑方案三</td><td rowspan="2">综合类建筑</td><td>装配式混凝土结构（框架结构等）</td><td rowspan="2">1. 围护墙非砌筑非现浇；
2. 围护墙与保温、装饰一体化；
3. 内隔墙非砌筑；
4. 内隔墙与管线、装修一体化</td><td rowspan="2">1. 集成卫生间；
2. 管线分离（给排水、电气、供暖）</td><td rowspan="2">1. 信息化技术应用；
2. 绿色建筑</td><td rowspan="2">主体结构实现少支撑免支模装配化建造；围护结构采用成型板材，并实现围护结构、保温、装饰一体化，提升围护结构质量品质、耐久性能和工业化建造水平；内隔墙与管线、装修一体化，部分区域采用装配式装修，实现机电管线分离</td></tr>
<tr><td>公共建筑方案四</td><td>钢结构</td></tr>
</table>

注："*"代表加分项技术内容可根据项目实际情况合理选用。

5.1.1 居住建筑

AA（BJ）级居住建筑系统集成方案典型特点为主体结构采用目前广泛采用的装配式剪力墙结构，与其配套的外墙板采用夹芯保温外墙板等一体化墙板，可实现外围护墙体结构与保温、装饰功能的一体化集成。该集成方案全面实施装配式装修技术，内隔墙采用轻钢龙骨隔墙或复合集成墙体，同时采用干式工法楼地面做法，结合集成厨房、集成卫生间技术，实现供暖管线、电气管线及给排水管线分离，大大减少现场湿作业量，提升建筑可维护性和延长建筑寿命，具体的系统集成方案详见表 5–2。

表 5–2 AA（BJ）级居住建筑系统集成方案

集成方案			适宜技术方案	比例	技术特点
主体结构	竖向预制构件		夹芯保温外墙板、PCF 板、预制内墙板等	≥ 35%*	工厂生产、现场装配化施工，现场湿作业量少，综合建造速度快，工业化程度高
	水平预制构件		叠合板、预制阳台板、预制空调板、预制楼梯、预制梁等	≥ 70%*	技术成熟，适用性强，实施难度小，合理设计下可实现较好的工业化效果
围护墙和内隔墙	围护墙非砌筑非现浇		夹芯保温外墙板等	≥ 60%*	技术成熟，适用性强，可与主体结构外墙同步实施
	围护墙与保温、装饰一体化		夹芯保温外墙板、PCF 板等	≥ 50%*	防水、保温、防火、耐久性能好，现场湿作业量少，施工高效，需关注加工、施工阶段的工艺控制
	内隔墙非砌筑		蒸压加气混凝土板材、轻钢龙骨隔墙等	≥ 60%*	技术成熟，质量易控制，现场施工效率高
	内隔墙与管线、装修一体化		轻钢龙骨隔墙、复合集成墙体等	≥ 50%*	现场干式工法作业，施工速度快，工业化水平高，质量易控制；可较好地实现管线分离，提高建筑使用期间的可维护性和延长建筑寿命
装修和设备管线	全装修		装配式装修等	全面应用	可实现主体、围护、装修和机电管线一体化设计、一体化实施，避免后期装修过程中的拆改、资源浪费
	干式工法楼地面		架空地面等	100%	可实现地面机电管线分离，方便管线检修和维护，减少地面湿作业量和全生命周期的资源浪费，需重点关注技术产品选择与工艺控制
	集成厨房	墙面	轻钢龙骨隔墙、复合集成墙体等	100%	技术较成熟，可减少现场抹灰等湿作业，提高工效，减少资源浪费，需关注技术产品的合理选择和工艺控制

表 5-2（续）

集成方案			适宜技术方案	比例	技术特点
装修和设备管线	集成厨房	吊顶	集成吊顶，如铝扣板吊顶、蜂窝板吊顶等	100%	技术成熟，适用性强，施工工效高，易于检修和更换，质量易控制
		地面	干式工法楼地面	100%	可实现地面机电管线分离，方便管线检修和维护，减少地面湿作业量和全生命周期的资源浪费，需重点关注技术产品选择与工艺控制
	集成卫生间		整体卫生间或集成卫生间	100%	工厂生产、现场干式工法施工，施工速度快，防水性能好，便于检修更换，需关注产品的合理选择和工艺控制
	管线分离	电气管线	管线集成敷设于吊顶、管线装修一体化内隔墙、架空地面内等	≥ 60%*	实现管线检修、维护和更换，提升建筑可维护性和延长建筑寿命
		给排水管线	同层排水，管线集成敷设于吊顶、管线装修一体化内隔墙、架空地面内等	≥ 60%*	
		供暖管线	干式地面辐射供暖，管线集成敷设于吊顶、架空地面内等	≥ 70%*	
加分项	信息化技术应用		BIM 技术等	全过程应用	提高设计、加工和施工阶段全过程、全专业的协同，提高建造效率，保障建筑质量和品质，提升建筑运行期间的维护水平
	绿色建筑		绿色建筑相关技术	二星或三星	节约资源、保护环境、减少污染、提供健康、适用、高效的使用空间

注：方案中列举的加“*”的比例为最低应用比例要求，实际工程实施过程中，应以实施综合效益为目标，合理选择实施比例。

居住建筑系统集成方案主要特点如下：

（1）主体结构系统采用装配式剪力墙结构体系，可大幅减少施工建造期间的钢筋绑扎、模板和支撑工作量，降低现场劳动强度。竖向预制构件选用全预制剪力墙或叠合剪力墙，水平预制构件可采用叠合板、阳台板、空调机板、预制楼梯等。考虑到剪力墙结构住宅的外墙兼作承重墙和围护墙体，在结构方案选型和布置过程中，应优先采用预制外墙、考虑外墙全装配，减少外墙湿作业量和劳动强度，提高外墙的尺寸精度和质量。在水平预制构件技术方案选型和设计过程中，应注重实现水平预制构件的免支模、少支撑，减少施工现场工作量，提高建造效率和质量。

（2）外围护系统采用夹芯保温外墙板等一体化墙板，可大幅减少外墙的砌筑和现浇湿作业工作量，实现外围护系统的非砌筑非现浇，同时实现外围护保温装饰一体化，具有防水、保温、防火、耐久性能好等特点。夹芯保温外墙板采用工厂生产、现场装配化施工，工业化程度高、现场湿作业量小，能降低劳动强度、提高施工建造速度，相关技术成熟可靠，在国内外已得到广泛应用，取得了丰富的工程应用经验。在实施过程中应重点关注外墙板在加工、施工阶段的工艺控制。

内隔墙系统采用轻钢龙骨隔墙、复合集成墙体等非砌筑内隔墙，同时可实现管线装修一体化，具有材料节能环保、重量轻，现场湿作业量少、施工快捷方便，布局灵活可调、易于改造，可实现管线分离和检修维护等优势。

（3）装修和设备管线系统除公共区域外全面实施装配式装修。采用干式工法楼地面、集成厨房和集成卫生间等技术，电气、给排水、供暖管线敷设于干式工法墙面、集成吊顶和干式工法楼地面空腔内，结合检修口的设置，可较好地解决目前居住建筑中管线检修更换困难的问题。集成厨房墙顶地全面采用干式工法施工，实现厨房的给排水、电气等管线分离，便于管线检修、维护和更换，提升建筑可维护性和延长建筑寿命。集成卫生间优先选择技术成熟的整体卫生间，并重点关注卫生间机电接口、底盘与地漏接口、排水坡度、地漏排水以及墙板密封等构造部位的施工工艺。架空地板可减少地面湿作业量和全生命周期的资源浪费，随着产品的更新迭代，选择成熟适宜的产品可有效解决其开裂、变形、空鼓等问题。

通过以上技术方案的合理选择和系统集成，可充分利用装配式建筑四大系统的技术特点，实现其实施效益，最终提升建造效率，提高建筑质量和品质。

5.1.2 公共建筑

1. 公共建筑系统集成方案一

办公类建筑作为标准化程度较高的公共建筑，是装配式技术应用的主要建筑类型之一。结合其自身特点，装配式建筑系统集成应用的重点应该聚焦于主体结构高效建造，围护结构保温装饰一体化、高品质及耐久性能提升，以及日常检修维护和改造较频繁部位的装配式装修技术应用等方面。按照主体结构的不同技术选择，办公类建筑系统集成方案分为集成方案一（“混凝土结构方案”）和集成方案二（“钢结构方案”），两类方案均可实现AA（BJ）级装配式建筑评价等级要求。

AA（BJ）级办公类建筑“混凝土结构方案”详见表5-3。

表 5-3 AA（BJ）级公共建筑系统集成方案一

集成方案			适宜技术方案	比例	技术特点
主体结构	竖向预制构件		预制柱、预制剪力墙等	≥ 35%*	技术成熟，与水平预制构件合理结合应用可实现高效建造
	水平预制构件		预制梁、叠合板、预制预应力楼板、预制楼梯等	≥ 70%*	技术成熟，与竖向构件合理搭配可实现高效建造；应尽量实现水平构件少支撑免支模施工
围护墙和内隔墙	围护墙非砌筑非现浇		幕墙、蒸压加气混凝土板材、夹芯保温外挂墙板等	≥ 60%*	外墙可实现工厂加工、现场装配化施工，减少外墙湿作业量，提升外墙质量、品质和耐久性能
	围护墙与保温、装饰一体化		幕墙、夹芯保温外挂墙板等	≥ 50%*	外墙实现结构保温装饰一体化，施工速度快，现场作业量少，外墙防水、保温、耐久性能好、品质高
	内隔墙非砌筑		蒸压加气混凝土板材、轻钢龙骨隔墙等	≥ 60%*	技术成熟，质量易控制，现场施工效率高
	内隔墙与管线、装修一体化		轻钢龙骨隔墙、复合集成墙体等	≥ 50%*	现场干式工法作业，施工速度快，工业化水平高，质量易控制；可较好的实现管线分离，提高建筑使用期间的可维护性和延长建筑寿命
装修和设备管线	全装修		—	全面应用	可实现主体、围护、装修和机电管线一体化设计、一体化实施，避免后期装修过程中的拆改、资源浪费
	干式工法楼地面		架空地面等	≥ 90%	可实现地面机电管线分离，方便管线检修和维护，减少地面湿作业量和全生命周期的资源浪费，需重点关注技术产品选择与工艺控制
	管线分离	电气管线	管线集成敷设于吊顶、管线装修一体化内隔墙、架空地面内等	≥ 60%*	实现管线检修、维护和更换，提升建筑可维护性和延长建筑寿命
		给排水管线	管线集成敷设于吊顶、管线装修一体化内隔墙、架空地面内等	≥ 80%	

表 5-3（续）

<table>
<tr><th colspan="3">集成方案</th><th>适宜技术方案</th><th>比例</th><th>技术特点</th></tr>
<tr><td>装修和设备管线</td><td>管线分离</td><td>供暖管线</td><td>管线明装或集成敷设于吊顶、架空地面内等</td><td>100%</td><td>实现管线检修、维护和更换，提升建筑可维护性和延长建筑寿命</td></tr>
<tr><td rowspan="2">加分项</td><td colspan="2">信息化技术应用</td><td>BIM 技术等</td><td>全过程应用</td><td>提高设计、加工和施工阶段全过程、全专业的协同，提高建造效率，保障建筑质量和品质，提升建筑运行期间的维护水平</td></tr>
<tr><td colspan="2">绿色建筑</td><td>绿色建筑相关技术</td><td>二星或三星</td><td>节约资源，保护环境，减少污染，提供健康、适用、高效的使用空间</td></tr>
</table>

注：方案中列举的加“*”的比例为最低应用比例要求，实际工程实施过程中，应以实施综合效益为目标，合理选择实施比例。

公共建筑系统集成方案一主要特点如下：

（1）主体结构系统采用免支模少支撑的技术体系，包括装配式混凝土框架结构体系、装配式混凝土框架－剪力墙结构体系等。竖向预制构件采用预制柱、预制剪力墙等，水平预制构件采用预制梁、叠合板、预制预应力楼板、预制楼梯等。预制竖向及水平构件均采用工厂生产、现场装配化施工，加工和施工工艺相对成熟，工业化程度高。在主体结构技术方案选型和设计过程中，应注重梁柱节点设计、楼板选型，以实现水平构件少支撑、免支模施工，提高建造效率和装配式技术实施效益。竖向预制构件的布置应综合考虑建造效率和实施效益，集成方案中的实施比例仅为最低要求，同一工程中宜避免预制柱与现浇柱混用的情况。

（2）外围护系统采用保温装饰一体化的围护结构，如幕墙、夹芯保温外挂墙板等。幕墙技术在国内外已经被广泛采用，并积累了丰富的工程应用经验，外围护结构可采用集围护、保温、装饰一体化的幕墙。夹芯保温外挂墙板可实现围护墙体与保温、装饰材料一体化成型，具有良好的防水、保温、防火和耐久性能，可提升建筑外墙的质量和品质。夹芯保温外挂墙板采用工厂化生产、现场装配化施工，工业化程度高、现场无湿作业，能降低劳动强度、提高施工建造速度，相关技术成熟可靠。应用过程中应重点关注外挂墙板在加工、施工阶段的工艺和质量控制。

办公类公共建筑内隔墙系统可优先选用轻钢龙骨隔墙或复合集成墙体等非砌筑内隔墙，同时实现管线装修一体化的技术要求。非砌筑内隔墙系统可实现办公区域的布局调整，具有材料节能环保、重量轻、施工快捷方便、布局灵活可调、易于拆除、可实现管线分离等优势。

（3）结合办公类建筑使用功能的特点，在装配式装修方面推广应用干式工法楼地面技术，如架空地面等。机电管线可集成布置在吊顶或干式工法楼地面空腔内，以便于维修和更换，从而更好地适应办公类建筑的功能空间调整需求。

以上集成技术方案的应用可实现办公类建筑的主体结构高效建造，提升围护结构的质量品质和工业化建造水平，并通过部分装配式装修技术的应用，实现建筑全生命周期的灵活可变和延长建筑寿命。但在具体项目实施过程中，应关注技术产品的合理选择和最终实施效益的实现。

2. 公共建筑系统集成方案二

钢结构基于自重轻、抗震性能好、施工速度快、工业化建造水平高等特点，在国内外的公共建筑中均得到了较广泛的应用。我国办公类建筑应用钢结构体系时，通常采用钢框架 – 支撑结构或钢框架 – 混凝土核心筒（剪力墙）结构体系。针对钢结构办公类建筑，表 5–4 给出了满足 AA（BJ）级装配式建筑评价等级要求的集成方案。

表 5–4　AA（BJ）级公共建筑系统集成方案二

集成方案		适宜技术方案	比例	技术特点
主体结构	竖向预制构件	钢柱、钢管混凝土柱等	—	技术成熟，施工速度快，装配化程度高，自重轻，抗震性能好，应用规模大
	水平预制构件	钢梁、钢楼梯、钢筋桁架楼承板、免支模免支撑楼板等	100%	技术成熟，适用性强，工业化程度高，实施难度低
围护墙和内隔墙	围护墙非砌筑非现浇	蒸压加气混凝土板材、幕墙等	≥ 60%*	干式工法作业，施工速度快，工业化程度高
	围护墙与保温、装饰一体化	幕墙等	≥ 50%*	外墙实现结构保温装饰一体化，施工速度快，现场作业量少，外墙防水、保温、耐久性能好、品质高
	内隔墙非砌筑	蒸压加气混凝土板材、轻钢龙骨隔墙等	≥ 60%*	技术成熟，质量易控制，现场施工效率高
	内隔墙与管线、装修一体化	轻钢龙骨隔墙、复合集成墙体等	≥ 50%*	现场干式工法作业，施工速度快，工业化水平高，质量易控制；可较好地实现管线分离，提高建筑使用期间的可维护性和延长建筑寿命
装修和设备管线	全装修	—	全面应用	可实现主体、围护、装修和机电管线一体化设计、一体化实施，避免后期装修过程中的拆改、资源浪费

表 5-4（续）

集成方案			适宜技术方案	比例	技术特点
装修和设备管线	干式工法楼地面		架空地面等	≥ 90%	可实现地面机电管线分离，方便管线检修和维护，减少地面湿作业量和全生命周期的资源浪费，需重点关注技术产品选择与工艺控制
	管线分离	电气管线	管线集成敷设于吊顶、管线装修一体化内隔墙、架空地面内等	≥ 60%*	可实现管线检修、维护和更换，提升建筑可维护性和延长建筑寿命
		给排水管线	同层排水，管线集成敷设于吊顶、管线装修一体化内隔墙、架空地面内等	≥ 80%	
		供暖管线	管线明装或集成敷设于吊顶、架空地面内等	100%	
加分项	信息化技术应用		BIM 技术等	全过程应用	提高设计、加工和施工阶段全过程、全专业的协同，提高建造效率，保障建筑质量和品质，提升建筑运行期间的维护水平
	绿色建筑		绿色建筑相关技术	二星或三星	节约资源，保护环境，减少污染，提供健康、适用、高效的使用空间

注：方案中列举的加“*”的比例为最低应用比例要求，实际工程实施过程中，应以实施综合效益为目标，合理选择实施比例。

公共建筑系统集成方案二主要特点如下：

（1）主体结构系统采用钢结构体系，具体的结构体系类型包括：钢框架结构、钢框架 – 支撑结构、钢框架 – 混凝土核心筒结构、钢框架 – 剪力墙结构、钢管混凝土框架 – 混凝土核心筒结构等，其主要特点是技术成熟、施工速度快、适用性强、供应充足。竖向构件可采用钢柱或钢管混凝土柱，水平构件采用钢梁，楼板可选择压型钢板组合楼板、钢筋桁架楼承板或其他免支模楼板，水平预制构件应用比例可达到或接近 100%。除传统的钢结构体系外，近年来研发和应用的钢柱（钢管混凝土柱）– 预制混凝土梁组合结构体系结合了钢结构和预制混凝土结构的优点，其建造速度和工业化程度接近钢结构体系，而综合造价要显著低于传统钢结构，是办公类等公共建筑主体结构的合理选择之一。

（2）“钢结构方案”的外围护及内隔墙系统整体上与 AA（BJ）级装配式公共建筑系

统集成方案一（“混凝土结构方案”）的特点相似。考虑到主体结构为钢结构体系，在外围护墙体技术方案选型时，宜优先选择围护、保温、装饰一体化的轻质墙板产品，以降低外围护墙体的自重。采用的管线装修一体化内隔墙在应用过程中应细化其与主体结构钢构件的连接构造和施工工艺，提高建筑实施质量和品质。

（3）与 AA（BJ）级装配式公共建筑系统集成方案一（“混凝土结构方案”）类似，宜在使用期间功能调整较频繁，机电管线检修和维护较多的区域采用装配式装修产品，并实现管线分离，提升建筑的可维护性和延长建筑寿命。

结合以上系统集成技术方案和已有工程实施经验可以发现，在合理的集成方案和技术产品选型的前提下，可以实现钢结构公共建筑的高效工业化建造，提升建筑外墙的质量和品质，确保建筑运营使用期间的可维护性，取得较好的装配式建筑实施效果。

3. 公共建筑系统集成方案三

综合类建筑具备公共区域面积大、人流量和地面荷载较大、地面敷设管线较少等特点，结合其自身特点，装配式技术的实施重点应该聚焦于主体结构高效建造，围护结构保温装饰一体化、高品质及耐久性能提升，以及机电管线分离技术的应用等方面。与办公类公共建筑相似，综合类公共建筑的主体结构系统同样可以选择采用装配式混凝土结构或装配式钢结构。针对综合类公共建筑集成方案三（“混凝土结构方案”），提出了满足 AA（BJ）级装配式建筑评价等级要求的系统集成方案，详见表 5–5。

表 5–5　AA（BJ）级公共建筑系统集成方案三

集成方案		适宜技术方案	比例	技术特点
主体结构	竖向预制构件	预制柱、预制剪力墙等	≥ 35%*	技术成熟，与水平预制构件合理结合应用可实现高效建造
	水平预制构件	预制梁、叠合板、预制预应力楼板、预制楼梯等	≥ 70%*	技术成熟，与竖向构件合理搭配可实现高效建造；应尽量实现水平构件少支撑免支模施工
围护墙和内隔墙	围护墙非砌筑非现浇	幕墙、蒸压加气混凝土板材、夹芯保温外挂墙板等	≥ 60%*	外墙可实现工厂加工、现场装配化施工，减少外墙湿作业量，提升外墙质量、品质和耐久性能
	围护墙与保温、装饰一体化	幕墙、夹芯保温外挂墙板等	≥ 50%*	外墙实现结构保温装饰一体化，施工速度快，现场作业量少，外墙防水、保温、耐久性能好、品质高
	内隔墙非砌筑	蒸压加气混凝土板材、轻钢龙骨隔墙等	≥ 60%*	技术成熟，质量易控制，现场施工效率高

表 5-5（续）

集成方案			适宜技术方案	比例	技术特点
围护墙和内隔墙	内隔墙与管线、装修一体化		轻钢龙骨隔墙、复合集成墙体等	≥ 50%*	现场干式工法作业，施工速度快，工业化水平高，质量易控制；可较好的实现管线分离，提高建筑使用期间的可维护性和延长建筑寿命
装修和设备管线	全装修		—	全面应用	可实现主体、围护、装修和机电管线一体化设计、一体化实施，避免后期装修过程中的拆改、资源浪费
	集成卫生间	墙面	轻钢龙骨隔墙、复合集成墙体等	100%	技术较成熟，可减少现场抹灰等湿作业，提高工效，减少资源浪费，需重点关注技术产品的合理选择和工艺控制
		吊顶	集成吊顶，如铝扣板吊顶、蜂窝板吊顶等	100%	技术成熟，适用性强，施工工效高，易于检修和更换，质量易控制
	管线分离	电气管线	管线集成敷设于吊顶、管线装修一体化内隔墙内等	≥ 60%*	可实现管线检修、维护和更换，提升建筑可维护性和延长建筑寿命
		给排水管线	管线集成敷设于吊顶、管线装修一体化内隔墙内等	≥ 80%	
		供暖管线	管线明装或集成敷设于吊顶内等	100%	
加分项	信息化技术应用		BIM 技术等	全过程应用	提高设计、加工和施工阶段全过程、全专业的协同，提高建造效率，保障建筑质量和品质，提升建筑运行期间的维护水平
	绿色建筑		绿色建筑相关技术	二星或三星	节约资源，保护环境，减少污染，提供健康、适用、高效的使用空间

注：方案中列举的加“*”的比例为最低应用比例要求，实际工程实施过程中，应以实施综合效益为目标，合理选择实施比例。

公共建筑系统集成方案三主要特点如下：

（1）主体结构系统采用装配式混凝土框架结构或装配式混凝土框架 – 剪力墙结构等体

系。竖向预制构件采用预制柱、预制剪力墙等，水平预制构件采用预制梁、叠合板、预制预应力楼板、预制楼梯等。预制竖向及水平构件加工、施工技术成熟，在合理选择技术方案和施工工艺前提下，可实现免支模少支撑高效建造。

（2）综合类公共建筑系统集成方案三的外围护结构系统与内隔墙系统技术特点同集成方案一类似，在此不再赘述。

（3）装修和设备管线系统采用集成卫生间，配合电气、给排水、暖通管线分离技术。综合类公共建筑集成卫生间可优先考虑墙面、顶面采用装配式技术，墙面采用干式工法墙面，方便管线检修和维护；吊顶采用集成吊顶，实现管线高度集成。

以上集成技术方案的应用可实现综合类公共建筑的主体结构高效建造，提升围护结构的质量品质和工业化建造水平，并通过较为全面的装配式装修技术应用，实现建筑全生命周期的灵活可变和长寿化。

4. 公共建筑系统集成方案四

综合类公共建筑应用钢结构体系时，通常采用钢框架－支撑结构或钢框架－混凝土核心筒（剪力墙）结构体系。针对钢结构综合类公共建筑，表 5–6 给出了满足 AA（BJ）级装配式建筑评价等级要求的集成方案。

表 5–6 AA（BJ）级公共建筑系统集成方案四

集成方案		适宜技术方案	比例	技术特点
主体结构	竖向预制构件	钢柱、钢管混凝土柱等	—	技术成熟，施工速度快，装配化程度高，自重轻，抗震性能好，应用规模大
	水平预制构件	钢梁、钢楼梯、钢筋桁架楼承板、免支模免支撑楼板等	100%	技术成熟，适用性强，工业化程度高，实施难度低
围护墙和内隔墙	围护墙非砌筑非现浇	蒸压加气混凝土板材、幕墙等	≥ 60%*	干式工法作业，施工速度快，工业化程度高
	围护墙与保温、装饰一体化	幕墙等	≥ 50%*	外墙实现结构保温装饰一体化，施工速度快，现场作业量少，外墙防水、保温、耐久性能好、品质高
	内隔墙非砌筑	蒸压加气混凝土板材、轻钢龙骨隔墙等	≥ 60%*	技术成熟，质量易控制，现场施工效率高
	内隔墙与管线、装修一体化	轻钢龙骨隔墙、复合集成墙体等	≥ 50%*	现场干式工法作业，施工速度快，工业化水平高，质量易控制；可较好的实现管线分离，提高建筑使用期间的可维护性和延长建筑寿命

表 5-6（续）

集成方案			适宜技术方案	比例	技术特点
装修和设备管线	全装修		—	全面应用	可实现主体、围护、装修和机电管线一体化设计、一体化实施，避免后期装修过程中的拆改、资源浪费
	集成卫生间	墙面	轻钢龙骨隔墙、复合集成墙体等	100%	技术较成熟，可减少现场抹灰等湿作业，提高工效，减少资源浪费，需重点关注技术产品的合理选择和工艺控制
		吊顶	集成吊顶如铝扣板吊顶、蜂窝板吊顶等	100%	技术成熟，适用性强，施工工效高，易于检修和更换，质量易控制
	管线分离	电气管线	管线集成敷设于吊顶、管线装修一体化内隔墙内等	≥ 60%*	可实现管线检修、维护和更换，提升建筑可维护性和延长建筑寿命
		给排水管线	管线集成敷设于吊顶、管线装修一体化内隔墙内等	≥ 80%	
		供暖管线	管线明装或集成敷设于吊顶内等	100%	
加分项	信息化技术应用		BIM 技术等	全过程应用	提高设计、加工和施工阶段全过程、全专业的协同，提高建造效率，保障建筑质量和品质，提升建筑运行期间的维护水平
	绿色建筑		绿色建筑相关技术	二星或三星	节约资源，保护环境，减少污染，提供健康、适用、高效的使用空间

注：方案中列举的加“*”的比例为最低应用比例要求，实际工程实施过程中，应以实施综合效益为目标，合理选择实施比例。

公共建筑系统集成方案四主要特点如下：

（1）主体结构系统采用钢结构体系，具体的结构体系类型包括：钢框架结构、钢框架 – 支撑结构、钢框架 – 混凝土核心筒结构、钢框架 – 剪力墙结构、钢管混凝土框架 – 混凝土核心筒结构等。竖向构件可采用钢柱或钢管混凝土柱，水平构件采用钢梁，楼板可选择压型钢板组合楼板、钢筋桁架楼承板或其他免支模楼板，水平预制构件应用比例可达到或接近 100%。与集成方案二类似，在综合类公共建筑中同样可以采用钢柱（钢管混凝土柱）– 预制混凝土梁组合结构体系，在提升主体结构工业化建造水平的同时，可进一步降低建造成本。

（2）综合类公共建筑系统集成方案四的外围护结构系统与内隔墙系统技术特点同集成方案二类似，在此不再赘述。

（3）综合类公共建筑系统集成方案四的装修和设备管线系统技术特点同集成方案三类似，在此不再赘述。

以上集成技术方案的应用可实现钢结构综合类公共建筑的主体结构高效建造，提升围护结构的质量品质和工业化建造水平，并通过较为全面的装配式装修技术应用，确保建筑运营使用期间的可维护性。但在具体项目实施过程中，应关注技术产品的合理选择和最终实施效益的达成。

5.2 典型案例分析

本节选取了 3 项 AA（BJ）级装配式建筑典型案例，分析了其技术特点，供工程技术人员参考借鉴。

5.2.1 典型案例一（居住建筑）

1. 装配式建筑系统集成方案

某项目建设地点位于朝阳区，该项目共有 20 栋主楼，地上最高 16 层。该项目各住宅单体采用装配式钢结构体系，为北京市首例在居住建筑中大规模采用钢框架 - 防屈曲钢板剪力墙结构的项目，推进了装配式钢结构产业化的发展。同时该项目为绿色建筑三星级建筑、北京市被动式超低能耗建筑试点项目，实现了绿色建筑技术、装配式建筑技术和超低能耗建筑技术的集成应用。

该项目在前期开展了装配式建筑技术方案策划，住宅楼栋主体结构采用装配式钢结构体系，外围护系统采用一体化幕墙，内隔墙系统应用非砌筑内隔墙，装配式装修和设备管线应用管线分离技术。装配式建筑技术策划方案具体见表 5–7。

表 5–7 装配式建筑技术策划方案

项目	集成方案	采用技术方案
主体结构	竖向预制构件	钢柱等
	水平预制构件	钢梁、钢楼梯、钢筋桁架楼承板等
围护墙和内隔墙	围护墙非砌筑非现浇	幕墙
	围护墙与保温、装饰一体化	幕墙
	内隔墙非砌筑	蒸压加气混凝土板材、轻钢龙骨隔墙等
装修和设备管线	全装修	—
	管线分离	给排水、电气、供暖管线分离

表 5-7（续）

项目	集成方案	采用技术方案
加分项	信息化	BIM 技术等
	绿色建筑	三星级

（1）主体结构系统。该项目地上主体结构采用钢结构（钢框架－防屈曲钢板剪力墙结构）体系，竖向构件采用钢柱、钢板剪力墙，水平构件采用钢梁、钢筋桁架楼承板、钢楼梯等。该项目利用防屈曲钢板墙技术提升了建筑抗震性能，并实现室内空间灵活可拓展。

（2）外围护和内隔墙系统。该项目外围护体系采用适配于钢结构的装配式半单元幕墙体系，幕墙钢龙骨在楼板上的预埋件与主体结构相连，充分协调主体钢结构变形，并同时实现外围护非砌筑非现浇及保温装饰一体化。该项目内隔墙采用蒸压加气混凝土板材，实现内隔墙非砌筑施工，同时蒸压加气混凝土板材具有节能环保、施工便捷、隔音性能较好等优点。

（3）装修和设备管线。该项目全装修交付，土建与装修设计、施工一体化，避免现场二次作业；内装系统应用管线分离技术，通过局部降板实现整体卫生间同层排水，便于建筑使用期间管线的检修、维护，室内装修效果见图 5-1。

图 5-1　室内内装修完成图

2. 解析与评价

本部分以该项目某住宅单位为例展开具体实施方案解析。项目设计建造时间早于北京市地方标准《装配式建筑评价标准》DB11/T 1831—2021 实施时间，按现行评价标准测算，其装配率为 80.0%，评价为 AA（BJ）级装配式建筑，详见表 5-8。

表 5–8 某楼栋装配率评分表

评价项			评价要求	评价分值 / 分	最低分值 / 分	比例 / %	得分 / 分
主体结构 Q1（45 分）	柱、支撑、承重墙、延性墙板等竖向构件		35% ≤比例≤ 80%	20 ~ 30*	15	100	30.0
	梁、楼板、屋面板、楼梯、阳台、空调板等构件		70% ≤比例≤ 80%	10 ~ 15*		80	15.0
围护墙和内隔墙 Q2（20 分）	围护墙非砌筑非现浇		比例≥ 60%	5	10	100	5.0
	围护墙与保温、装饰一体化		50% ≤比例≤ 80%	2 ~ 5*		80	5.0
	内隔墙非砌筑		比例≥ 60%	5		100	5.0
	内隔墙与管线、装修一体化		50% ≤比例≤ 80%	2 ~ 5*		56	2.6
装修和设备管线 Q3（35 分）	全装修		—	5	5		5.0
	公共区域装修采用干式工法	公共建筑	比例≥ 70%	3	6		
		居住建筑	比例≥ 60%				
	干式工法楼面、地面		70% ≤比例≤ 90%	3 ~ 6*			
	集成厨房		70% ≤比例≤ 90%	3 ~ 6*			
	集成卫生间		70% ≤比例≤ 90%	3 ~ 6*			
	管线分离	电气管线	60% ≤比例≤ 80%	2 ~ 5*		64	2.4
		给排水管线	60% ≤比例≤ 80%	1 ~ 2*		80	2.0
		供暖管线	70% ≤比例≤ 100%	1 ~ 2*		100	2.0
加分项 Q5（6 分）	信息化技术应用		设计、生产、施工全过程应用	3	—		3.0
	绿色建筑评价星级等级		二星级	2			
			三星级	3			3.0

表 5-8（续）

评价项	评价要求	评价分值 / 分	最低分值 / 分	比例 / %	得分 / 分
装配率	74.0 / 100 × 100%+6%=80%				

该项目作为首个在居住建筑中大规模采用装配式钢结构（钢框架 – 防屈曲钢板剪力墙结构）的住宅项目，钢结构大开间的平面布局使室内空间灵活可拓展，主体结构与外围护系统适配度高，以现行标准评价，基本实现了 AA（BJ）级装配式建筑预期效益。该项目主外围护系统采用装配式窗墙体系半单元幕墙，与主体结构适配度高，既可协调钢结构的大变形，同时实现围护墙与保温装饰一体化。同类项目实施过程中可在该项目基础上采用装配式装修技术，提高装修和设备管线系统集成度，进一步提升建筑全生命周期品质。

5.2.2 典型案例二（居住建筑）

1. 装配式建筑系统集成方案

某项目位于北京市朝阳区，建成于 2019 年，是集结构工业化、精装工业化、超低能耗建筑等新技术和新工艺于一身的超大规模保障房小区。该项目建筑面积约 47 万 m^2，其中地上建筑面积约 33 万 m^2，最高 27 层。该项目主体结构采用装配式混凝土剪力墙结构，建筑立面在标准化的基础上实现造型多样化，通过标准化模数化设计理念优化预制构件种类，有效控制建造成本并提升建筑品质。

该项目在前期开展了装配式建筑技术方案策划，住宅楼栋应用预制竖向及水平预制构件，外围护应用保温装饰一体化围护墙，内隔墙应用轻钢龙骨隔墙、复合集成墙体等非砌筑内隔墙，同时可实现管线装修一体化，装修和设备管线系统应用干式工法楼地面、集成厨房、集成卫生间及管线分离技术。装配式建筑技术策划方案具体见表 5-9。

表 5-9 装配式建筑技术策划方案

系统	集成方案	采用技术方案
主体结构	竖向预制构件	夹芯保温外墙板、预制内墙板等
	水平预制构件	叠合板、预制阳台板、预制楼梯等
围护墙和内隔墙	围护墙非砌筑非现浇	夹芯保温外墙板
	围护墙与保温、装饰一体化	夹芯保温外墙板
	内隔墙非砌筑	蒸压加气混凝土板材、轻钢龙骨隔墙等
	内隔墙与管线、装修一体化	轻钢龙骨隔墙、复合集成墙体等
装修和设备管线	全装修	—
	干式工法楼面、地面	架空地面等

表 5-9（续）

系统	集成方案	采用技术方案
装修和 设备管线	集成厨房	集成墙面、集成吊顶等
	集成卫生间	集成墙面、集成吊顶等
	管线分离	给排水、暖通管线分离

（1）主体结构系统。该项目主体结构采用装配式剪力墙结构体系，从首层顶开始应用水平预制构件，四层以上开始应用竖向预制构件，采用的预制构件包括夹心保温外墙板、预制内墙板、叠合板、预制阳台板、预制空调板、预制梁及预制楼梯等。该项目主体结构装配率较高，外墙基本实现全装配，利于减少外墙脚手架等施工措施并降低外墙现场施工湿作业量，有效提升外墙施工质量，提高施工效率。某楼栋标准层竖向预制构件布置图见图 5-2。

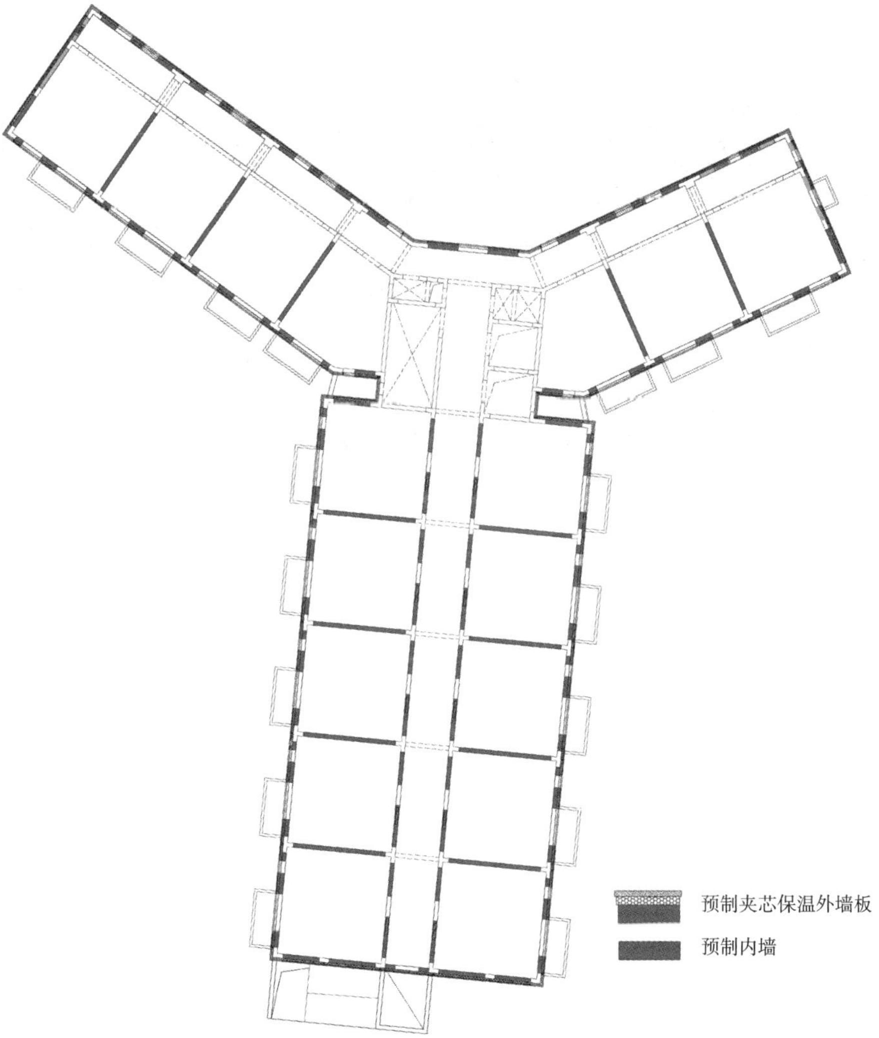

图 5-2　某楼栋标准层竖向预制构件布置图

（2）外围护和内隔墙系统。该项目外围护系统采用夹芯保温外墙板、预制女儿墙板、PCF 板、预制 UHPC 板等，其中夹芯保温外墙板集结构、保温、装饰一体化，可同时实现外围护结构非砌筑非现浇及保温装饰一体化；外饰面采用瓷板反打技术，在工厂一体化加工、现场一次性安装到位，充分发挥夹芯保温墙板外墙作业量少、一体化程度高及外饰面耐久性好的优势。

（3）装修和设备管线系统。该项目全装修交付，土建与装修设计、施工一体化，避免现场二次作业；同时该项目作为北京市首个将 LOFT 户型和装配式装修相结合的项目，装配式装修技术的应用范围包括户内楼面地面、厨房以及卫生间等部位，管线、装修一体化设计施工，大幅降低现场湿作业量（图 5-3）。该项目项目厨房采用集成厨房，地面、吊顶、墙面、橱柜、厨房设备及管线等通过设计集成、工厂生产，在工地主要采用干式工法装配而成，应用比例达 100%；卫生间采用集成卫生间，卫生间地面、墙面、吊顶和洁具设备及管线采用干式工法装配而成，集成式卫生间充分考虑了卫生间空间的多样组合或分隔，应用比例达 89%；同时该项目采用干式地面辐射供暖技术，装配式地暖模块与干式地面高度集成，采暖均匀稳定，并且在房间里不设置暖气片，有效节省了室内空间。

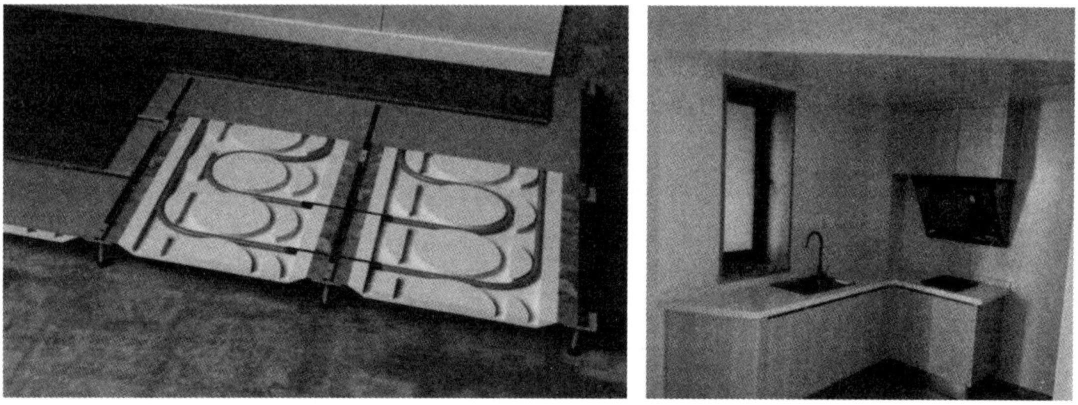

图 5-3　干式工法楼地面剖面图及集成厨房实景图

2. 解析与评价

本部分以该项目某住宅单体为例展开具体实施方案解析。项目设计建造时间早于北京市地方标准《装配式建筑评价标准》DB11/T 1831—2021 实施时间，按现行评价标准测算装配率为 83.9%，评价为 AA（BJ）级装配式建筑，详见表 5-10。

表 5-10　某楼栋装配率评分表

评价项		评价要求	评价分值 / 分	最低分值 / 分	比例 / %	得分 / 分
主体结构 Q1（45 分）	柱、支撑、承重墙、延性墙板等竖向构件	35% ≤比例 ≤ 80%	20 ~ 30*	15	70.3	27.8

表 5-10（续）

评价项			评价要求	评价分值 / 分	最低分值 / 分	比例 / %	得分 / 分
主体结构 Q1（45 分）	梁、楼板、屋面板、楼梯、阳台、空调板等构件		70% ≤比例 ≤ 80%	10 ～ 15*	15	70.8	10.4
围护墙和内隔墙 Q2（20 分）	围护墙非砌筑非现浇		比例≥ 60%	5	10	100	5.0
	围护墙与保温、装饰一体化		50% ≤比例 ≤ 80%	2 ～ 5*		77.7	4.8
	内隔墙非砌筑		比例≥ 60%	5		79.0	5.0
	内隔墙与管线、装修一体化		50% ≤比例 ≤ 80%	2 ～ 5*		70.0	4.0
装修和设备管线 Q3（35 分）	全装修		—	5	5		5.0
	公共区域装修采用干式工法	公共建筑	比例≥ 70%	3	6		
		居住建筑	比例≥ 60%				
	干式工法楼面、地面		70% ≤比例 ≤ 90%	3 ～ 6*		93.0	6.0
	集成厨房		70% ≤比例 ≤ 90%	3 ～ 6*		100	6.0
	集成卫生间		70% ≤比例 ≤ 90%	3 ～ 6*		89.0	5.9
	管线分离	电气管线	60% ≤比例 ≤ 80%	2 ～ 5*			
		给排水管线	60% ≤比例 ≤ 80%	1 ～ 2*		100	2.0
		供暖管线	70% ≤比例 ≤ 100%	1 ～ 2*		100	2.0
加分项 Q5（6 分）	信息化技术应用		设计、生产、施工全过程应用	3	—		
	绿色建筑评价星级等级		二星级	2			
			三星级	3			
装配率			83.9 / 100 × 100%=83.9%				

注：表中带“*”项的分值采用“内插值”计算，计算结果取小数点后 1 位。

该项目主体结构系统、外围护系统、装修与设备管线系统间集成度高，以现行标准评价，实现了 AA（BJ）级装配式建筑预期效益。该项目主体结构系统与外围护系统集成度高，外墙采用结构保温装饰一体化的夹芯保温外墙板，提升建筑质量和品质；装修与设备管线系统全面实现装配式装修，采用集成厨房、集成卫生间、干式工法楼地面等技术，同时配套采用管线分离技术，工厂加工、现场采用干式工法将内装部品组合安装，湿作业量小且便于建筑使用期间管线检修更换。同类项目实施过程中可在设计阶段结合信息化技术，进一步实现项目信息的交互性、可传递性，提高项目实施效率，提升项目品质。

5.2.3 典型案例三（公共建筑）

1. 装配式建筑系统集成方案

某企业总部大厦项目位于北京市通州区，集办公、商业及配套服务等功能于一体，地上建筑面积 5.32 万 m^2，地上 10 层，建筑高度 45m。该项目采用标准化模数化的设计理念，地上各层采用基本一致的主次梁布置，外立面幕墙体系采用标准化模数化设计，最大限度提高预制构件及部品的标准化水平、提升建筑质量和品质、提高建造效率、降低建造成本。

该项目在前期开展了装配式建筑技术方案策划，主楼应用装配式钢结构，外围护应用集成化幕墙系统，内隔墙应用非砌筑内隔墙，装修和设备管线主要应用管线分离技术，同时实施绿色建筑。装配式建筑技术策划方案具体见表 5–11。

表 5–11　装配式建筑技术策划方案

项目	集成方案	适宜技术方案
主体结构	竖向预制构件	钢柱
	水平预制构件	钢梁、钢桁架、钢筋桁架楼承板等
围护墙和内隔墙	围护墙非砌筑非现浇	石材幕墙、玻璃单元式幕墙等
	围护墙与保温、装饰一体化	石材幕墙、玻璃单元式幕墙等
	内隔墙非砌筑	轻钢龙骨隔墙、玻璃隔断、蒸压加气混凝土板材
装修和设备管线	全装修	—
	管线分离	电气、给排水管线分离
加分项	信息化	BIM 技术
	绿色建筑	绿色建筑相关技术

（1）主体结构系统。该项目地上采用钢框架 BRB 支撑体系（图 5–4），楼盖采用钢梁 + 钢筋桁架楼承板组合楼盖（图 5–5），应用了钢柱、钢梁、钢桁架、钢楼梯和钢筋桁架楼承板等钢构件。楼板采用钢筋桁架楼承板，重量轻、安装铺设便捷，可实现楼板少支撑、

免支模施工。同时钢构件均由工厂加工制作，运输到现场进行安装，有利于减少人工，提高工业化程度，有效提高施工效率。

图 5-4 钢框架 BRB 支撑体系实景图

图 5-5 钢筋桁架楼承板

（2）外围护和内隔墙系统。该项目主楼外幕墙采用保温、装饰、通风、遮阳集成一体的标准化、集成化的设计理念，应用明框玻璃幕墙、石材幕墙、不锈钢板 +Low-E 玻璃幕墙、屋顶金属幕墙等多种非传统砌筑形式，同时实现围护墙非砌筑非现浇和围护墙与保温、装饰一体化。内隔墙采用轻钢龙骨隔墙、蒸压加气混凝土板材及其他成品装配式系统隔墙，实现内隔墙非砌筑。幕墙与板材均为工厂预制生产，现场干法作业施工，施工简单便捷，有利于提高工程质量。装配式幕墙构造示意见图 5–6。

图 5–6　装配式幕墙构造示意图

（3）装修和设备管线系统。该项目公共区域和自用办公区域采用全装修交付，土建与装修设计、施工一体化，避免现场二次作业。部分区域采用装配式装修技术（应用比例未达到最低比例要求，未计入装配率评分），其中公共区域装修采用干式工法，应用集成化吊顶设计，将空调风口、照明、消防等一体化集成设计施工；商业办公区域主要采用轻钢龙骨石膏板隔墙和玻璃隔断；办公区地面主要采用架空地板、实木复合地板等成品材料，现场干式安装。电气和给排水管线主要在吊顶、隔墙空腔内敷设或明敷，实现与支撑体分离，便于建筑使用期间管线的检修、维护。

2. 解析与评价

本部分以该项目主楼为例展开具体实施方案解析。项目设计建造时间早于北京市地方标准《装配式建筑评价标准》DB11/T 1831—2021 实施时间，按现行评价标准测算装配率为 85.8%，评价为 AA（BJ）级装配式建筑，详见表 5–12。

表 5–12　装配率评分表

评价项		评价要求	评价分值 / 分	最低分值 / 分	比例 / %	得分 / 分
主体结构 Q1（45 分）	柱、支撑、承重墙、延性墙板等竖向构件	35% ≤比例 ≤ 80%	20 ～ 30*	15	100	30.0
	梁、楼板、屋面板、楼梯、阳台、空调板等构件	70% ≤比例 ≤ 80%	10 ～ 15*		100	15.0

表 5-12（续）

评价项			评价要求	评价分值/分	最低分值/分	比例/%	得分/分
围护墙和内隔墙 Q2（20 分）	围护墙非砌筑非现浇		比例≥ 60%	5	10	100	5.0
	围护墙与保温、装饰一体化		50% ≤比例≤ 80%	2 ~ 5*		98	5.0
	内隔墙非砌筑		比例≥ 60%	5		80	5.0
	内隔墙与管线、装修一体化		50% ≤比例≤ 80%	2 ~ 5*		51	2.1
装修和设备管线 Q3（35 分）	全装修		—	5	5		5.0
	公共区域装修采用干式工法	公共建筑	比例≥ 70%	3	6		
		居住建筑	比例≥ 60%				
	干式工法楼面、地面		70% ≤比例≤ 90%	3 ~ 6*			
	集成厨房		70% ≤比例≤ 90%	3 ~ 6*		—	—
	集成卫生间		70% ≤比例≤ 90%	3 ~ 6*			
	管线分离	电气管线	60% ≤比例≤ 80%	2 ~ 5*		75	4.3
		给排水管线	60% ≤比例≤ 80%	1 ~ 2*		96	2.0
		供暖管线	70% ≤比例≤ 100%	1 ~ 2*	6	—	—

表 5-12（续）

评价项		评价要求	评价分值 / 分	最低分值 / 分	比例 / %	得分 / 分
加分项 Q5（6 分）	信息化技术应用	设计、生产、施工全过程应用	3	—		3.0
	绿色建筑评价星级等级	二星级	2			
		三星级	3			3.0
装配率		73.4 /（100−8）× 100%+6%=85.8%				

注：表中带“*”项的分值采用“内插值”计算，计算结果取小数点后 1 位。

该项目主体结构采用钢框架 BRB 支撑体系，主体结构实现全装配；外墙采用幕墙体系，采用集成化设计理念，集成保温、装饰、通风与遮阳等各项功能，工业化程度高，减少了外脚手架和外墙施工作业；内隔墙采用轻钢龙骨隔墙、玻璃隔断和蒸压加气混凝土板材等实现隔墙非砌筑；装修和设备管线主要应用了管线分离技术，部分区域应用了集成吊顶和干法地面等装配式装修技术。同类项目实施过程中可在本项目基础上提高装配式装修技术应用范围，进一步提升建筑功能的灵活性、适变性及后期升级改造空间。

6　AAA（BJ）级装配式建筑系统集成方案

本章结合装配式居住建筑、公共建筑的特点，综合分析形成 1 个居住建筑和 4 个公共建筑 AAA（BJ）级系统集成方案，可实现 91% 及以上装配率。本章提供的装配式建筑系统集成方案可供 AAA（BJ）级高标准商品住宅、办公、商业、学校、医院等项目类型参考。

6.1　AAA（BJ）级系统集成方案

与 A（BJ）级居住建筑特点一致，AAA（BJ）级居住建筑也具有单元重复率高，标准化程度好，外立面形式相对简单等特点。

与基础级公共建筑分类原则一致，针对不同类型的公共建筑，按照其不同特点分为：办公类建筑、综合类建筑，并分别对其进行装配式建筑系统集成方案选型。办公类建筑标准化程度相对较高，兼具空间使用功能和布局相对多变、机电管线检修较频繁等特点；综合类建筑包括商业、学校等建筑类型，其公共区域面积大、人流量和地面荷载较大、地面敷设管线较少。

按照 AAA（BJ）级装配式建筑实施要求，结合装配式居住建筑和公共建筑的特点，综合分析形成 1 个居住建筑系统集成方案、4 个公共建筑系统集成方案，详见表 6–1。

表 6–1　AAA（BJ）级装配式建筑系统集成推荐方案汇总

方案	推荐应用范围	主体结构	围护墙和内隔墙	装修和设备管线	加分项 *	技术集成特点
居住建筑方案	高标准商品住宅建设项目	装配式混凝土结构（剪力墙结构）	1. 围护墙非砌筑非现浇； 2. 围护墙与保温、装饰一体化； 3. 内隔墙非砌筑； 4. 内隔墙与管线、装修一体化	1. 公共区域装修采用干式工法； 2. 干式工法楼地面； 3. 集成厨房； 4. 集成卫生间； 5. 管线分离（给排水、电气、供暖）	1. 信息化技术应用； 2. 绿色建筑	主体结构采用装配式混凝土结构，实现高效建造；围护墙结构保温装饰一体化；内隔墙与管线、装修一体化，户内及公共区域全面实施装配式装修和管线分离技术

表 6-1（续）

方案	推荐应用范围	主体结构	围护墙和内隔墙	装修和设备管线	加分项*	技术集成特点
公共建筑方案一	办公类建筑	装配式混凝土结构（框架结构等）	1. 围护墙非砌筑非现浇； 2. 围护墙与保温、装饰一体化； 3. 内隔墙非砌筑； 4. 内隔墙与管线、装修一体化	1. 干式工法楼地面； 2. 集成卫生间； 3. 管线分离（给排水、电气、供暖）	1. 信息化技术应用； 2. 绿色建筑	主体结构采用装配式建造；围护结构采用成型板材，并实现围护结构、保温、装饰一体化，提升围护结构质量品质、耐久性能和工业化建造水平；内隔墙与管线、装修一体化，除公共区域外实施装配式装修，实现管线分离
公共建筑方案二		钢结构				
公共建筑方案三	综合类建筑	装配式混凝土结构（框架结构等）	1. 围护墙非砌筑非现浇； 2. 围护墙与保温、装饰一体化； 3. 内隔墙非砌筑； 4. 内隔墙与管线、装修一体化	1. 公共区域装修采用干式工法； 2. 集成卫生间； 3. 管线分离（给排水、电气、供暖）	1. 信息化技术应用； 2. 绿色建筑	主体结构实现高效装配化建造；围护结构采用成型板材，实现围护结构、保温、装饰一体化，提升围护结构质量品质、耐久性能；内隔墙与管线、装修一体化，公共区域以及卫生间内实施装配式装修，实现管线分离
公共建筑方案四		钢结构				

注："*"代表加分项技术内容可根据项目实际情况合理选用。

6.1.1 居住建筑

AAA（BJ）级居住建筑系统集成方案的典型特点为主体结构采用装配式混凝土剪力墙结构，与其配套的外墙板采用夹芯保温墙板等一体化墙板，可实现外围护墙体结构与保温、装饰功能的一体化集成。该集成方案内隔墙采用轻钢龙骨隔墙或复合集成墙体等实现管线、装修一体化，公共区域、厨房、卫生间等部位均全面实施装配式装修，同时配合采用机电管线分离技术，便于后期维护检修，具体的系统集成方案详见表 6–2。

表 6–2　AAA（BJ）级居住建筑系统集成方案

集成方案		适宜技术方案	比例	技术特点
主体结构	竖向预制构件	夹芯保温外墙板、PCF 板、预制内墙板等	≥ 35%*	工厂生产、现场装配化施工，现场湿作业量少，综合建造速度快，工业化程度高
	水平预制构件	叠合板、预制阳台板、预制空调板、预制楼梯、预制梁等	≥ 70%*	技术成熟，适用性强，实施难度小，合理设计下可实现较好的工业化效果
围护墙和内隔墙	围护墙非砌筑非现浇	夹芯保温外墙板等	≥ 60%*	技术成熟，适用性强，可与主体结构外墙同步实施
	围护墙与保温、装饰一体化	夹芯保温外墙板等	≥ 50%*	防水、保温、防火、耐久性能好，现场湿作业量少，施工高效，需重点关注加工、施工阶段的工艺控制
	内隔墙非砌筑	蒸压加气混凝土板材、轻钢龙骨隔墙等	≥ 60%*	技术成熟，质量易控制，现场施工效率高
	内隔墙与管线、装修一体化	轻钢龙骨隔墙、复合集成墙体等	≥ 80%*	现场干式工法作业，施工速度快，工业化水平高，质量易控制；可较好地实现管线分离，提高建筑使用期间的可维护性和延长建筑寿命
装修和设备管线	全装修	装配式装修等	全面应用	可实现主体、围护、装修和机电管线一体化设计、一体化实施，避免后期装修过程中的拆改、资源浪费
	公共区域装修采用干式工法	装配式墙面、装配式地面、集成吊顶等	100%	可实现公共区域装配式装修及机电管线分离，方便管线检修和维护，减少地面湿作业量和全生命周期的资源浪费
	干式工法楼地面	架空地面等	100%	可实现地面机电管线分离，方便管线检修和维护，减少地面湿作业量和全生命周期的资源浪费，需重点关注技术产品选择与工艺控制

表 6-2（续）

集成方案			适宜技术方案	比例	技术特点
装修和设备管线	集成厨房	墙面	轻钢龙骨隔墙、复合集成墙体等	100%	技术较成熟，可减少现场抹灰等湿作业，提高工效，减少资源浪费，需关注技术产品的合理选择和工艺控制
		吊顶	集成吊顶，如铝扣板吊顶、蜂窝板吊顶等	100%	技术成熟，适用性强，施工工效高，易于检修和更换，质量易控制
		地面	干式工法楼地面	100%	可实现地面机电管线分离，方便管线检修和维护，减少地面湿作业量和全生命周期的资源浪费，需重点关注技术产品选择与工艺控制
	集成卫生间		整体卫生间或集成卫生间	100%	工厂生产、现场干式工法施工，施工速度快，防水性能好，便于检修更换，需关注产品的合理选择和工艺控制
	管线分离	电气管线	管线集成敷设于吊顶、管线装修一体化内隔墙、架空地面内等	≥ 60%*	实现管线检修、维护和更换，提升建筑可维护性和延长建筑寿命
		给排水管线	同层排水，管线集成敷设于吊顶、管线装修一体化内隔墙、架空地面内等	≥ 80%	
		供暖管线	干式地面辐射供暖，管线集成敷设于吊顶、架空地面内等	100%	
加分项	信息化技术应用		BIM 技术等	全过程应用	提高设计、加工和施工阶段全过程、全专业的协同，提高建造效率，保障建筑质量和品质，提升建筑运行期间的维护水平
	绿色建筑		绿色建筑相关技术	二星或三星	节约资源、保护环境、减少污染、提供健康、适用、高效的使用空间

注：方案中列举的加“*”的比例为最低应用比例要求，实际工程实施过程中，应以实施综合效益为目标，合理选择实施比例。

居住建筑系统集成方案主要特点如下：

（1）主体结构系统通常采用装配式剪力墙结构体系，可大幅减少施工建造期间的工作量，降低现场劳动强度。竖向预制构件选用全预制剪力墙或叠合剪力墙，水平预制构件可采用叠合板、阳台板、空调机板、预制楼梯等。考虑到剪力墙结构住宅的外墙兼作承重墙和围护墙体，在结构方案选型和布置过程中，应优先采用预制夹芯保温外墙、考虑外墙全装配，减少外墙湿作业量和劳动强度，提高外墙的尺寸精度和质量。在水平预制构件技术方案选型和设计过程中，应注重实现水平预制构件的免支模、少支撑，减少施工现场工作量，提高建造效率和质量。

（2）外围护系统采用夹芯保温外墙板等一体化墙板。一体化预制墙板可大幅减少外墙的砌筑和现浇湿作业工作量，同时实现外墙保温装饰一体化，具有防水、保温、防火、耐久性能好等特点。夹芯保温外墙板采用工厂生产、现场装配化施工，工业化程度高、现场湿作业量小，能降低劳动强度、提高施工建造速度，相关技术成熟可靠，在国内外已得到广泛应用，取得了丰富的工程应用经验。在实施过程中应重点关注外墙板在加工、施工阶段的工艺控制。

内隔墙系统采用轻钢龙骨隔墙、复合集成墙体等非砌筑内隔墙，同时可实现管线装修一体化，具有材料节能环保、重量轻，现场湿作业量少、施工快捷方便，布局灵活可调、易于改造，可实现管线分离和检修维护等优势。

（3）装修和设备管线系统全面实施装配式装修技术，包括公共区域装修采用干式工法、干式工法楼地面、集成厨房和集成卫生间等，并配套采用管线分离技术。当采用干式工法楼地面时，优先选用技术成熟的架空地面产品，并重点关注地板平整度、机电接口等构造施工工艺；当选用集成卫生间时，优先选择技术成熟的整体卫生间，并重点关注卫生间机电接口、底盘与地漏接口、排水坡度、地漏排水以及墙板密封等构造部位的施工工艺。给排水管线埋设于集成卫生间及集成厨房的集成墙面、集成吊顶和干式工法楼地面的空腔内，供暖管线分离采用干式地面辐射供暖技术，便于目前居住建筑中机电管线检修更换。

通过以上技术方案的合理选择和系统集成，可充分利用装配式建筑四大系统的技术特点，实现其实施效益，有助于提升建造效率，提高建筑质量和品质。

6.1.2 公共建筑

1. 公共建筑系统集成方案一

办公类建筑作为标准化程度较高的公共建筑，是装配式技术应用的主要建筑类型之一。结合其自身特点，装配式建筑系统集成应用的重点应该聚焦于主体结构高效建造，围护结构保温装饰一体化、高品质及耐久性能提升，以及日常检修维护和改造较频繁部位的装配式装修技术应用等方面。按照主体结构的不同技术选择，办公类建筑系统集成方案分为集成方案一（“混凝土结构方案”）和集成方案二（“钢结构方案”），两类方案均可实现AAA（BJ）级装配式建筑评价等级要求。

AAA（BJ）级办公类建筑“混凝土结构方案”详见表 6–3。

表 6-3　AAA（BJ）级公共建筑系统集成方案一

集成方案		适宜技术方案	比例	技术特点
主体结构	竖向预制构件	预制柱、预制剪力墙等	≥ 50%*	技术成熟，与水平预制构件合理结合应用可实现高效建造
	水平预制构件	预制梁、叠合板、预制预应力楼板、预制楼梯等	≥ 80%*	技术成熟，与竖向构件合理搭配可实现高效建造；应尽量实现水平构件少支撑免支模施工
围护墙和内隔墙	围护墙非砌筑非现浇	幕墙、蒸压加气混凝土板材、夹芯保温外挂墙板等	≥ 60%*	外墙可实现工厂加工、现场装配化施工，减少外墙湿作业量，提升外墙质量、品质和耐久性能
	围护墙与保温、装饰一体化	幕墙、夹芯保温外挂墙板等	≥ 50%*	外墙实现结构保温装饰一体化，施工速度快，现场作业量少，外墙防水、保温、耐久性能好、品质高
	内隔墙非砌筑	蒸压加气混凝土板材、轻钢龙骨隔墙系统等	≥ 60%*	技术成熟，质量易控制，现场施工效率高
	内隔墙与管线、装修一体化	轻钢龙骨隔墙、复合集成墙体等	≥ 50%*	现场干式工法作业，施工速度快，工业化水平高，质量易控制；可较好的实现管线分离，提高建筑使用期间的可维护性和延长建筑寿命
装修和设备管线	全装修	—	全面应用	可实现主体、围护、装修和机电管线一体化设计、一体化实施，避免后期装修过程中的拆改、资源浪费
	干式工法楼地面	架空地面等技术	≥ 90%	可实现地面机电管线分离，方便管线检修和维护，减少地面湿作业量和全生命周期的资源浪费，需重点关注技术产品选择与工艺控制
	集成卫生间 墙面	轻钢龙骨隔墙、复合集成墙体等	100%	技术较成熟，可减少现场抹灰等湿作业，提高工效，减少资源浪费，需重点关注技术产品的合理选择和工艺控制
	集成卫生间 吊顶	集成吊顶如铝扣板吊顶、蜂窝板吊顶等	100%	技术成熟，适用性强，施工工效高，易于检修和更换，质量易控制

表 6-3（续）

集成方案			适宜技术方案	比例	技术特点
装修和设备管线	管线分离	电气管线	管线集成敷设于吊顶、管线装修一体化内隔墙、架空地面内等	≥ 60%*	实现管线检修、维护和更换，提升建筑可维护性和延长建筑寿命
		给排水管线	管线集成敷设于吊顶、管线装修一体化内隔墙、架空地面内等	≥ 80%	
		供暖管线	管线明装或集成敷设于吊顶、架空地面内等	100%	
加分项	信息化技术应用		BIM 技术等	全过程应用	提高设计、加工和施工阶段全过程、全专业的协同，提高建造效率，保障建筑质量和品质，提升建筑运行期间的维护水平
	绿色建筑		绿色建筑相关技术	二星或三星	节约资源，保护环境，减少污染，提供健康、适用、高效的使用空间

注：方案中列举的加“*”的比例为最低应用比例要求，实际工程实施过程中，应以实施综合效益为目标，合理选择实施比例。

公共建筑系统集成方案一主要特点如下：

（1）主体结构系统采用装配式框架结构、装配式框架 – 剪力墙结构等体系。竖向预制构件可采用预制柱、预制剪力墙等，水平预制构件可采用预制梁、叠合板、预制预应力楼板、预制楼梯等。预制竖向及水平构件均采用工厂生产、现场装配化施工，在合理选择技术方案和施工工艺前提下，可实现免支模少支撑高效建造，工业化程度高，且加工、施工工艺相对成熟。

（2）外围护系统采用保温装饰一体化的围护结构，如幕墙、夹芯保温外挂墙板等。幕墙技术在国内外已经被广泛采用，并积累了丰富的工程应用经验，外围护结构可采用集围护、保温、装饰一体化的幕墙系统。夹芯保温外挂墙板可实现围护墙体与保温、装饰材料一体化成型，具有良好的防水、保温、防火和耐久性能，可提升建筑外墙的质量和品质。夹芯保温外挂墙板采用工厂化生产、装配化施工，工业化程度高、现场无湿作业，能降低劳动强度、提高施工建造速度，相关技术成熟可靠。应用过程中应重点关注外挂墙板在加工、施工阶段的工艺和质量控制。

内隔墙系统建议可采用管线装修一体化内隔墙，如轻钢龙骨隔墙、带基层墙板的复合集成墙体等。管线装修一体化内隔墙具有材料节能环保、重量轻、施工快捷方便、布局灵活可调、易于改造，可实现管线分离和检修维护等优势，可较好地满足此类公共建筑的需求。

（3）装修和设备管线系统地面采用干式工法楼地面技术、集成卫生间技术，并配套采用管线分离技术。结合办公类建筑使用功能的特点，装修和设备管线系统推广应用干式工法楼地面技术，如架空地面、集成卫生间技术，机电管线可集成布置在干式工法楼地面、集成吊顶、集成墙面的空腔中，以便于维修和更换，从而更好地适应办公类建筑的功能空间调整需求。

以上集成技术方案的应用可实现办公类建筑的主体结构高效建造，提升围护结构的质量品质和工业化建造水平，并通过较为全面的装配式装修技术的应用，实现全生命周期的布局灵活性和建筑长寿化。

2. 公共建筑系统集成方案二

钢结构基于自重轻、抗震性能好、施工速度快、工业化建造水平高等特点，在国内外的公共建筑中均得到了较广泛的应用。我国办公类建筑应用钢结构体系时，通常采用钢框架－支撑结构或钢框架－混凝土核心筒（剪力墙）结构体系。针对钢结构办公类建筑，表6-4给出了满足AAA（BJ）级装配式建筑评价等级要求的集成方案。

表6-4　AAA（BJ）级公共建筑系统集成方案二

集成方案		适宜技术方案	比例	技术特点
主体结构	竖向预制构件	钢柱、钢管混凝土柱等	—	技术成熟，施工速度快，装配化程度高，自重轻，抗震性能好，应用规模大
	水平预制构件	钢梁、钢楼梯、钢筋桁架楼承板、免支模免支撑楼板等	100%	技术成熟，适用性强，工业化程度高，实施难度低
围护墙和内隔墙	围护墙非砌筑非现浇	蒸压加气混凝土板材、幕墙等	≥60%*	干式工法作业，施工速度快，工业化程度高
	围护墙与保温、装饰一体化	幕墙等	≥50%*	外墙实现结构保温装饰一体化，施工速度快，现场作业量少，外墙防水、保温、耐久性能好、品质高
	内隔墙非砌筑	蒸压加气混凝土板材、轻钢龙骨隔墙等	≥60%*	技术成熟，质量易控制，现场施工效率高
	内隔墙与管线、装修一体化	轻钢龙骨隔墙、复合集成墙体等	≥50%*	现场干式工法作业，施工速度快，工业化水平高，质量易控制；可较好地实现管线分离，提高建筑使用期间的可维护性和延长建筑寿命

表 6-4（续）

集成方案			适宜技术方案	比例	技术特点
装修和设备管线	全装修		—	全面应用	可实现主体、围护、装修和机电管线一体化设计、一体化实施，避免后期装修过程中的拆改、资源浪费
	干式工法楼地面		架空地面等	≥ 90%	可实现地面机电管线分离，方便管线检修和维护，减少地面湿作业量和全生命周期的资源浪费，需重点关注技术产品选择与工艺控制
	集成卫生间	干式工法墙面	轻钢龙骨隔墙、复合集成墙体等	100%	技术较成熟，可减少现场抹灰等湿作业，提高工效，减少资源浪费，需重点关注技术产品的合理选择和工艺控制
		集成吊顶	集成吊顶，如铝扣板吊顶、蜂窝板吊顶等	100%	技术成熟，适用性强，施工工效高，易于检修和更换，质量易控制
	管线分离	电气管线	管线集成敷设于吊顶、管线装修一体化内隔墙、架空地面内等	≥ 60%*	实现管线检修、维护和更换，提升建筑可维护性和延长建筑寿命
		给排水管线	管线集成敷设于吊顶、管线装修一体化内隔墙、架空地面内等	≥ 80%	
		供暖管线	管线明装或集成敷设于吊顶、架空地面内等	100%	
加分项	信息化技术应用		BIM 技术等	全过程应用	提高设计、加工和施工阶段全过程、全专业的协同，提高建造效率，保障建筑质量和品质，提升建筑运行期间的维护水平
	绿色建筑		绿色建筑相关技术	二星或三星	节约资源，保护环境，减少污染，提供健康、适用、高效的使用空间

注：方案中列举的加“*”的比例为最低应用比例要求，实际工程实施过程中，应以实施综合效益为目标，合理选择实施比例。

公共建筑系统集成方案二主要特点如下：

（1）主体结构系统采用钢结构体系，具体的结构体系类型包括：钢框架结构、钢框架 – 支撑结构、钢框架 – 混凝土核心筒结构、钢框架 – 剪力墙结构、钢管混凝土框架 – 混凝土核心筒结构等。竖向构件可采用钢柱或钢管混凝土柱，水平构件采用钢梁，楼板可选择压型钢板组合楼板、钢筋桁架楼承板或其他免支模楼板，水平预制构件应用比例可达到或接近 100%。除传统的钢结构体系外，近年来研发和应用的钢柱（钢管混凝土柱）– 预制混凝土梁组合结构体系结合了钢结构和预制混凝土结构的优点，其建造速度和工业化程度接近钢结构体系，而综合造价要显著低于传统钢结构，是公共建筑主体结构的合理选择之一。

（2）考虑到主体结构为钢结构体系，在外围护墙体技术方案选型时，宜优先选择集围护、保温、装饰于一体化的轻质墙板产品，以降低外围护墙体的自重。在内隔墙技术方案选型时，钢结构建筑宜优先选用可实现管线分离和检修维护的隔墙产品，并在应用过程中细化其与主体结构钢构件的连接构造和施工工艺，提高建筑实施质量和品质。

（3）与 AAA（BJ）级装配式公共建筑系统集成方案一（“混凝土结构方案”）类似，宜在使用期间功能调整较频繁，机电管线检修和维护较多的区域采用装配式装修产品，并实现管线分离，提升建筑的可维护性和延长建筑寿命。

在合理的集成方案和技术产品选型的前提下，可实现钢结构公共建筑的高效工业化建造，提升建筑外墙的质量和品质，确保建筑运营使用期间的可维护性，取得较好的装配式建筑实施效果。

3. 公共建筑系统集成方案三

综合类建筑公共区域面积大、人流量和地面荷载较大、地面敷设管线较少，结合综合类建筑的自身特点，装配式技术的实施重点应该聚焦于主体结构高效建造，围护结构保温装饰一体化、高品质及耐久性能提升，以及机电管线分离技术的应用等方面。与办公类公共建筑相似，综合类公共建筑的主体结构系统同样可以选择采用装配式混凝土结构或装配式钢结构。下面首先针对集成方案三（“混凝土结构方案”），介绍 AAA（BJ）级综合类公共建筑的系统集成方案，详见表 6–5。

表 6–5　AAA（BJ）级公共建筑系统集成方案三

集成方案		适宜技术方案	比例	技术特点
主体结构	竖向预制构件	预制柱、预制剪力墙等	≥ 50%*	技术成熟，与水平预制构件合理结合应用可实现高效建造
	水平预制构件	预制梁、叠合板、预制预应力楼板、预制楼梯等	≥ 80%	技术成熟，与竖向构件合理搭配可实现高效建造；应尽量实现水平构件少支撑免支模施工

表 6-5（续）

集成方案			适宜技术方案	比例	技术特点
围护墙和内隔墙	围护墙非砌筑非现浇		幕墙、蒸压加气混凝土板材、夹芯保温外挂墙板等	≥ 60%*	外墙可实现工厂加工、现场装配化施工，减少外墙湿作业量，提升外墙质量、品质和耐久性能
围护墙和内隔墙	围护墙与保温、装饰一体化		幕墙、夹芯保温外挂墙板等	≥ 50%*	外墙实现结构保温装饰一体化，施工速度快，现场作业量少，外墙防水、保温、耐久性能好、品质高
围护墙和内隔墙	内隔墙非砌筑		蒸压加气混凝土板材、轻钢龙骨隔墙等	≥ 60%*	技术成熟，质量易控制，现场施工效率高
围护墙和内隔墙	内隔墙与管线、装修一体化		轻钢龙骨隔墙、复合集成墙体等	≥ 50%*	现场干式工法作业，施工速度快，工业化水平高，质量易控制；可较好地实现管线分离，提高建筑使用期间的可维护性和延长建筑寿命
装修和设备管线	全装修		—	全面应用	可实现主体、围护、装修和机电管线一体化设计、一体化实施，避免后期装修过程中的拆改、资源浪费
装修和设备管线	公共区域装修采用干式工法		装配式墙面、装配式地面、集成吊顶等	100%	可实现公共区域装配式装修及机电管线分离，方便管线检修和维护，减少地面湿作业量和全生命周期的资源浪费
装修和设备管线	集成卫生间	墙面	轻钢龙骨隔墙、复合集成墙体等	100%	技术较成熟，可减少现场抹灰等湿作业，提高工效，减少资源浪费，需重点关注技术产品的合理选择和工艺控制
装修和设备管线	集成卫生间	集成吊顶	集成吊顶，如铝扣板吊顶、蜂窝板吊顶等	100%	技术成熟，适用性强，施工工效高，易于检修和更换，质量易控制
装修和设备管线	管线分离	电气管线	管线集成敷设于吊顶、管线装修一体化内隔墙、架空地面内等	≥ 60%*	实现管线检修、维护和更换，提升建筑可维护性和延长建筑寿命
装修和设备管线	管线分离	给排水管线	管线集成敷设于吊顶、管线装修一体化内隔墙、架空地面内等	≥ 80%	实现管线检修、维护和更换，提升建筑可维护性和延长建筑寿命

表 6–5（续）

集成方案			适宜技术方案	比例	技术特点
装修和设备管线	管线分离	供暖管线	管线明装或集成敷设于吊顶、架空地面内等	100%	实现管线检修、维护和更换，提升建筑可维护性和延长建筑寿命
加分项	信息化技术应用		BIM 技术等	全过程应用	提高设计、加工和施工阶段全过程、全专业的协同，提高建造效率，保障建筑质量和品质，提升建筑运行期间的维护水平
	绿色建筑		绿色建筑相关技术	二星或三星	节约资源，保护环境，减少污染，提供健康、适用、高效的使用空间

注：方案中列举的加“*”的比例为最低应用比例要求，实际工程实施过程中，应以实施综合效益为目标，合理选择实施比例。

公共建筑系统集成方案三主要特点如下：

（1）主体结构系统采用装配式框架结构、装配式框架－剪力墙结构等体系。竖向预制构件可采用预制柱、预制剪力墙等，水平预制构件可采用预制梁、叠合板、预制预应力楼板、预制楼梯等。预制竖向及水平构件均采用工厂生产、现场装配化施工，在合理选择技术方案和施工工艺前提下，可实现免支模少支撑高效建造，工业化程度高，且加工、施工工艺相对成熟。

（2）公共建筑系统集成方案三的外围护结构系统技术特点与集成方案一类似，在此不再赘述。

内隔墙系统建议可采用一体化内隔墙，如轻钢龙骨隔墙、带基层墙板的复合集成墙体、装配式模块化隔墙等。管线装修一体化内隔墙具有材料节能环保、重量轻、施工快捷方便、布局灵活可调、易于改造，可实现管线分离和检修维护等优势，可较好的符合此类公共建筑的需求。

（3）装修和设备管线系统应用公共区域装修采用干式工法、集成卫生间，并配套采用机电管线分离技术。公共区域以及卫生间等部位采用干式工法装修可实现装配式装修、机电管线分离，方便管线检修和维护，减少现场湿作业量和全生命周期的资源浪费。

以上集成技术方案的应用可实现综合类公共建筑的主体结构高效建造，提升围护结构的质量品质和工业化建造水平，并通过较为全面的装配式装修技术应用，实现建筑全生命周期的灵活可变和长寿化。

4. 公共建筑系统集成方案四

综合类公共建筑的主体结构采用钢结构体系时，通常选用钢框架－支撑结构、钢框架－剪力墙结构等体系。针对钢结构综合类公共建筑，表 6–6 给出了满足 AAA（BJ）级装配式建筑评价等级要求的集成方案。

表 6–6 AAA（BJ）级公共建筑系统集成方案四

集成方案			适宜技术方案	比例	技术特点
主体结构	竖向预制构件		钢柱、钢管混凝土柱等	—	技术成熟，施工速度快，装配化程度高，自重轻，抗震性能好，应用规模大
	水平预制构件		钢梁、钢楼梯、钢筋桁架楼承板、免支模免支撑楼板等	100%	技术成熟，适用性强，工业化程度高，实施难度低
围护墙和内隔墙	围护墙非砌筑非现浇		蒸压加气混凝土板材、幕墙等	≥ 60%*	干式工法作业，施工速度快，工业化程度高
	围护墙与保温、装饰一体化		幕墙等	≥ 50%*	外墙实现结构保温装饰一体化，施工速度快，现场作业量少，外墙防水、保温、耐久性能好、品质高
	内隔墙非砌筑		蒸压加气混凝土板材、轻钢龙骨隔墙等	≥ 60%*	干式工法作业，施工速度快，与主体结构匹配性好，部分墙体可实现管线分离
	内隔墙与管线、装修一体化		轻钢龙骨隔墙、复合集成墙体等	≥ 50%*	现场干式工法作业，施工速度快，工业化水平高，质量易控制；可较好地实现管线分离，提高建筑使用期间的可维护性和延长建筑寿命
装修和设备管线	全装修		—	全面应用	可实现主体、围护、装修和机电管线一体化设计、一体化实施，避免后期装修过程中的拆改、资源浪费
	公共区域装修采用干式工法		装配式墙面、装配式地面、集成吊顶等	100%	可实现公共区域装配式装修及机电管线分离，方便管线检修和维护，减少地面湿作业量和全生命周期的资源浪费
	集成卫生间	墙面	轻钢龙骨隔墙、复合集成墙体等	100%	技术较成熟，可减少现场抹灰等湿作业，提高工效，减少资源浪费，需重点关注技术产品的合理选择和工艺控制
		吊顶	集成吊顶，如铝扣板吊顶、蜂窝板吊顶等	100%	技术成熟，适用性强，施工工效高，易于检修和更换，质量易控制

表 6-6（续）

集成方案			适宜技术方案	比例	技术特点
装修和设备管线	管线分离	电气管线	管线集成敷设于吊顶、管线装修一体化内隔墙、架空地面内等	≥ 60%*	实现管线检修、维护和更换，提升建筑可维护性和延长建筑寿命
		给排水管线	管线集成敷设于吊顶、管线装修一体化内隔墙、架空地面内等	≥ 80%	
		供暖管线	管线明装或集成敷设于吊顶、架空地面内等	100%	
加分项	信息化技术应用		BIM 技术等	全过程应用	提高设计、加工和施工阶段全过程、全专业的协同，提高建造效率，保障建筑质量和品质，提升建筑运行期间的维护水平
	绿色建筑		绿色建筑相关技术	二星或三星	节约资源，保护环境，减少污染，提供健康、适用、高效的使用空间

注：方案中列举的加“*”的比例为最低应用比例要求，实际工程实施过程中，应以实施综合效益为目标，合理选择实施比例。

公共建筑系统集成方案四主要特点如下：

（1）主体结构系统采用钢结构体系，具体的结构体系类型包括：钢框架结构、钢框架－支撑结构、钢框架－混凝土核心筒结构、钢框架－剪力墙结构、钢管混凝土框架－混凝土核心筒结构等。竖向构件可采用钢柱或钢管混凝土柱，水平构件采用钢梁，楼板可选择压型钢板组合楼板、钢筋桁架楼承板或其他免支模楼板，水平预制构件应用比例可达到或接近 100%。除传统的钢结构体系外，近年来研发和应用的钢柱（钢管混凝土柱）－预制混凝土梁组合结构体系结合了钢结构和预制混凝土结构的优点，其建造速度和工业化程度接近钢结构体系，而综合造价要显著低于传统钢结构，是公共建筑主体结构的合理选择之一。

（2）外围护系统、装修和设备管线系统同 AAA（BJ）级公共建筑系统集成方案三类似。

以上集成技术方案的应用可实现综合类公共建筑的主体结构高效建造，提升围护结构的质量品质和工业化建造水平，并通过较为全面的装配式装修技术应用，实现建筑全生命周期的灵活可变和长寿化。

6.2　典型案例分析

本节选取了 3 项 AAA（BJ）级装配式建筑典型案例分析了其技术特点，供工程技术人员参考借鉴。

6.2.1　典型案例一（居住建筑）

1. 装配式建筑系统集成方案

某项目位于海淀区，该项目共有 25 栋住宅楼，地上 12 层，该项目住宅楼栋主体结构采用装配式混凝土剪力墙结构体系，并整合大量集成技术和部品。该项目从建筑设计源头制订实施住宅产业化路线，通过实施标准化设计和工业化建造技术，在提升建造速度的同时合理控制建造成本；通过适应可变性和功能精细化设计，实现居住建筑高品质并适应住户全生命周期需求。

该项目在前期开展了装配式建筑技术方案策划，住宅楼栋应用竖向预制及水平预制构件，外围护应用保温装饰一体化围护墙，内隔墙可同时实现非砌筑及管线、装饰一体化，装修与设备管线系统全面采用了装配式装修技术，包括干式工法楼地面、集成厨房、集成卫生间以及管线分离技术，同时该项目实施绿色建筑技术。装配式建筑技术策划方案详见表 6–7。

表 6–7　装配式建筑技术策划方案

项目	集成方案	采用技术方案
主体结构	竖向预制构件	夹芯保温外墙板等
	水平预制构件	叠合板、预制楼梯、预制阳台板等
围护墙和内隔墙	围护墙非砌筑非现浇	夹芯保温外墙板等
	围护墙与保温、装饰一体化	夹芯保温外墙板等
	内隔墙非砌筑	蒸压加气混凝土板材、轻钢龙骨隔墙等
	内隔墙与管线、装修一体化	轻钢龙骨隔墙、复合集成墙体等
装修和设备管线	全装修	—
	干式工法楼面、地面	架空地面等
	集成厨房	集成吊顶、集成墙面、架空地面等
	集成卫生间	整体卫生间
	管线分离	给排水、电气、供暖管线分离
加分项	绿色建筑	绿色建筑相关技术

（1）主体结构系统。该项目住宅楼采用装配式剪力墙结构体系，采用的预制构件包括夹芯保温外墙板、叠合板、预制空调板、预制阳台板、预制女儿墙、预制楼梯等。该项目

各住宅楼栋外墙采用夹芯保温外墙板，水平预制构件采用叠合楼板；该项目外墙实现全装配化施工，减少外墙脚手架和现场施工湿作业量，有效提高施工效率并提升建筑外墙品质。该项目结构耐久性按照 100 年进行设计，设计时从混凝土材料、钢筋保护层厚度、裂缝控制措施、耐久性施工措施及后期维护等方面提出要求。某楼栋标准层竖向预制构件布置图见图 6–1。

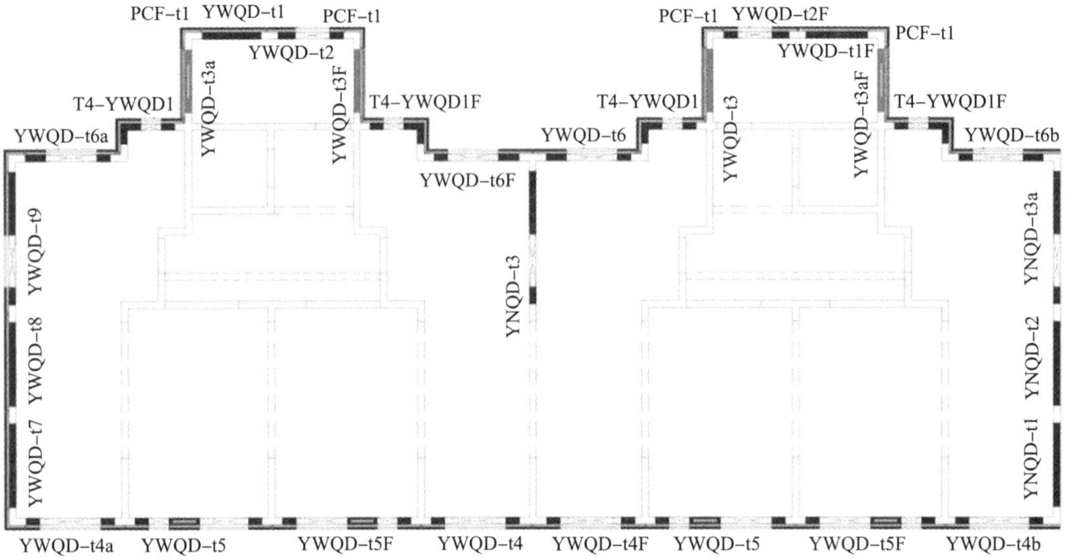

图 6–1　标准层竖向预制构件布置图

（2）外围护和内隔墙系统。该项目外围护系统采用夹芯保温外墙板、预制女儿墙等，夹芯保温外墙板集结构、保温、装饰一体化，外叶板为 60mm 厚钢筋混凝土，保温层为 80mm 厚挤塑板，内叶板为 200mm 厚钢筋混凝土剪力墙，可同时实现外围护结构非砌筑非现浇及保温装饰一体化。该项目夹芯保温外墙板沿建筑边线围合布置，减少现场外脚手架支设工作量，提升总体施工效率。该项目外围护系统采用全装配化施工方式，减少现场湿作业及环境污染，实现装配式建筑工程整体质量和效率的提升。

该项目内隔墙系统采用蒸压加气混凝土板材、轻钢龙骨隔墙、复合集成墙体等，均可实现内隔墙非砌筑，其中轻钢龙骨隔墙及复合集成墙体可同时实现管线、装修一体化。蒸压加气混凝土板材具有节能环保、施工方便、隔音性能较好等优点；轻钢龙骨隔墙具有材料节能环保、重量轻、施工方便快捷、可灵活布置、易拆除等优点；复合集成墙体具有隔音性能好、管线敷设方便快捷等优点。

（3）装修和设备管线系统。该项目全装修交付，通过主体结构与装修一体化建造，实现建筑装修环节的一体化、装配化和集约化，避免现场二次作业。该项目户内区域全面采用装配式装修技术，包括干式工法楼地面、集成厨房、集成卫生间等技术，并配套应用管线分离技术，采用工厂预制、现场装配的装配式内装部品可以最大限度地保证产品质量和性能，有效解决施工生产中的尺寸误差和模数接口问题，同时降低了建筑后期运营维护难度，便于设备管线的检查更换。该项目采用整体卫浴系统和整体厨房系统，整体卫浴系统具有防水性能好、质量可靠的特点；整体厨房系统在设计前期介入，通过统一设计、集体采购降低成本。装配式内装修实施效果见图 6–2。

图 6–2 装配式内装实施图

2. 解析与评价

本部分以该项目某住宅单体为例展开具体实施方案解析。该项目设计建造时间早于北京市地方标准《装配式建筑评价标准》DB11/T 1831—2021 实施时间，按现行评价标准测算，其装配率为 94.2%，评价为 AAA（BJ）级装配式建筑，详见表 6–8。

表 6–8 某楼栋装配率评分表

评价项		评价要求	评价分值 / 分	最低分值 / 分	比例 / %	得分 / 分
主体结构 Q1（45 分）	柱、支撑、承重墙、延性墙板等竖向构件	35% ≤比例≤ 80%	20 ~ 30*	15	58.5	25.2
	梁、楼板、屋面板、楼梯、阳台、空调板等构件	70% ≤比例≤ 80%	10 ~ 15*		82.6	15.0
围护墙和内隔墙 Q2（20 分）	围护墙非砌筑非现浇	比例≥ 60%	5	10	85	5.0
	围护墙与保温、装饰一体化	50% ≤比例≤ 80%	2 ~ 5*		85	5.0
	内隔墙非砌筑	比例≥ 60%	5		95	5.0
	内隔墙与管线、装修一体化	50% ≤比例≤ 80%	2 ~ 5*		95	5.0

表 6-8（续）

评价项			评价要求	评价分值/分	最低分值/分	比例/%	得分/分
装修和设备管线 Q3（35 分）	全装修		—	5	5		5.0
	公共区域装修采用干式工法	公共建筑	比例≥ 70%	3	6		
		居住建筑	比例≥ 60%				
	干式工法楼面、地面		70% ≤比例≤ 90%	3 ~ 6*		92	6.0
	集成厨房		70% ≤比例≤ 90%	3 ~ 6*		83	5.0
	集成卫生间		70% ≤比例≤ 90%	3 ~ 6*		100	6.0
	管线分离	电气管线	60% ≤比例≤ 80%	2 ~ 5*		90	5.0
		给排水管线	60% ≤比例≤ 80%	1 ~ 2*		95	2.0
		供暖管线	70% ≤比例≤ 100%	1 ~ 2*		100	2.0
加分项 Q5（6 分）	信息化技术应用		设计、生产、施工全过程应用	3	—		
	绿色建筑评价星级等级		二星级	2			
			三星级	3			3.0
装配率			91.2/100 × 100%+3%=94.2%				

注：表中带“*”项的分值采用“内插值”计算，计算结果取小数点后 1 位。

该项目从建筑设计源头制订实施住宅产业化路线，标准化模数化程度高，主体结构系统、外围护系统、装修与设备管线系统间集成度高，以现行标准评价，实现了 AAA（BJ）级装配式建筑预期效益。该项目户住宅楼栋、住宅套型以及住宅部品均采用标准化设计，项目共有 3790 户，仅有 5 种基本户型、1 种整体卫浴型号。该项目主体结构系统与外围护系统集成度高，外墙采用结构保温装饰一体化的夹芯保温外墙板，提升建筑质量和品质；装修与设备管线系统全面实现装配式装修，采用集成厨房、集成卫生间、干式工法楼地面等技术，同时配套采用管线分离技术，工厂加工、现场采用干式工法将内装部品组合安装，湿作业量小且便于建筑使用期间管线检修更换。

6.2.2 典型案例二（居住建筑）

1. 装配式建筑系统集成方案

某公租房项目位于通州区，该项目通过楼栋、户型、厨卫模块、核心筒模块、部品构件、立面等六个方面进行标准化设计，降低预制构件生产难度，提高生产和安装施工效率，实现高效施工。该项目实施装配式装修，装修与建筑结构、设备安装同步穿插施工，进一步提高项目建造效率，充分体现装配式建筑标准化设计、工厂化生产、装配化施工、一体化装修的特点。

该项目在前期开展了装配式建筑技术方案策划，住宅楼栋应用竖向预制及水平预制构件，外围护应用保温装饰一体化围护墙，内隔墙可同时实现非砌筑及管线、装饰一体化技术，装修与设备管线系统全面采用了装配式装修技术，包括干式工法楼地面（公共区域及户内区域）、集成厨房、整体卫生间以及管线分离技术。装配式建筑技术策划方案具体见表 6–9。

表 6–9 装配式建筑技术策划方案

系统	集成方案	采用技术方案
主体结构	竖向预制构件	夹芯保温外墙板、预制内墙板等
	水平预制构件	叠合板、预制阳台板、预制楼梯等
围护墙和内隔墙	围护墙非砌筑非现浇	夹芯保温外墙板
	围护墙与保温、装饰一体化	夹芯保温外墙板
	内隔墙非砌筑	蒸压加气混凝土板材、轻钢龙骨隔墙等
	内隔墙与管线、装修一体化	轻钢龙骨隔墙、复合集成墙体等
装修和设备管线	全装修	—
	公共区域装修采用干式工法	架空地面等
	干式工法楼面、地面	架空地面等
	集成厨房	墙面、地面及吊顶全面集成
	集成卫生间	整体卫生间
	管线分离	给排水、暖通管线分离

（1）主体结构系统。该项目主体结构采用了装配式混凝土剪力墙结构，应用夹芯保温外墙板、预制内墙板、叠合板、预制阳台板、预制空调板和预制楼梯六类预制混凝土构件，某楼栋标准层预制构件布置见图 6–3。同时本项目采用标准化设计理念减少构件种类，提高单一构件的复用次数，控制生产成本的同时提升了建造效益。

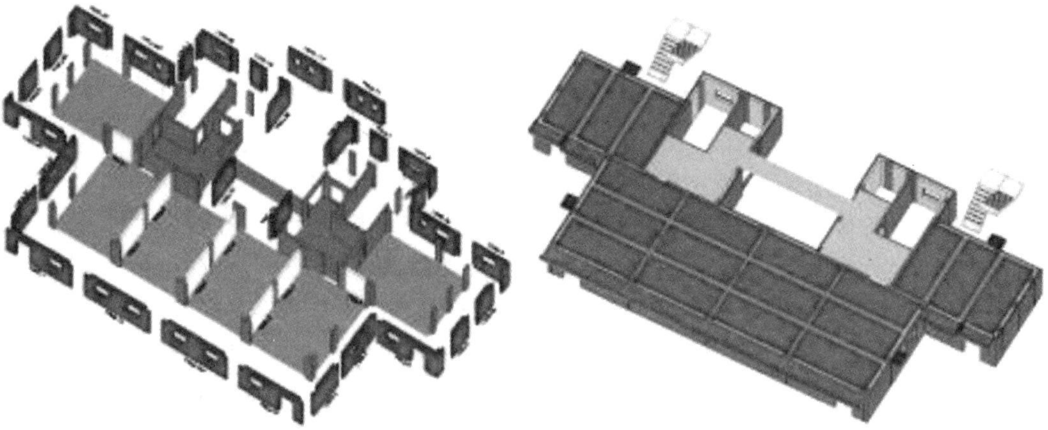

图 6–3　某楼栋标准层预制构件布置图

（2）外围护和内隔墙系统。该项目采用预制夹芯保温外墙板、预制挂板及预制女儿墙等，同时外饰面采用清水混凝土，在建筑立面设计方面采用“少规格、多组合”的方式，合理控制外立面装饰构件的种类和规格，外立面设计逻辑及拆分方案见图 6–4、图 6–5。夹芯保温外墙板集结构、保温、装饰于一体，可同时实现外围护结构非砌筑非现浇及保温装饰一体化，在工厂一体化加工、现场一次性安装到位，充分发挥夹芯保温墙板外墙作业量少、一体化程度高及外饰面耐久性好的优势。

该项目内隔墙系统采用蒸压加气混凝土板材、轻钢龙骨隔墙、复合集成墙体等，均可实现内隔墙非砌筑，其中轻钢龙骨隔墙及复合集成墙体可同时实现管线、装修一体化。蒸压加气混凝土板材具有节能环保、施工方便、隔音性能较好等优点；轻钢龙骨隔墙具有材料节能环保、重量轻、施工方便快捷、可灵活布置、易拆除等优点；复合集成墙体具有隔音性能好、管线敷设方便快捷等优点。

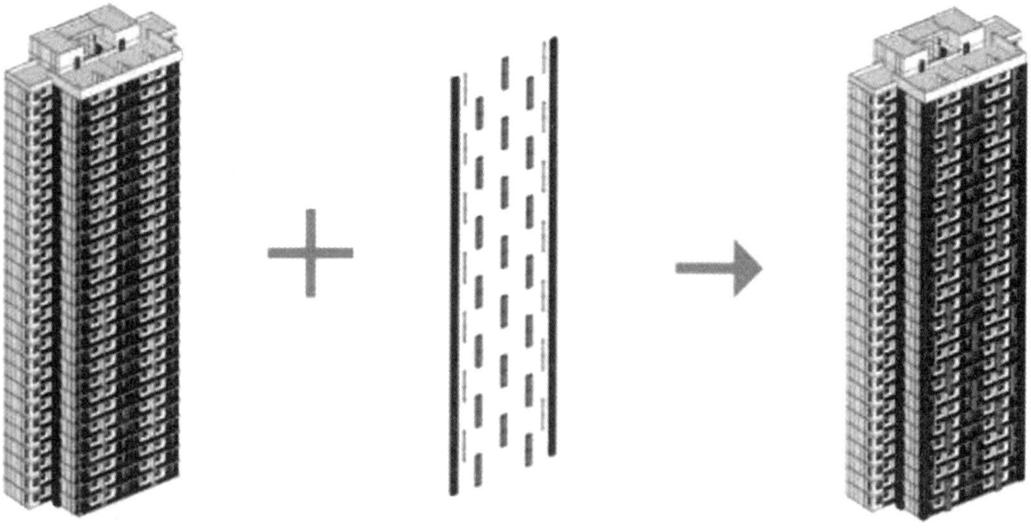

图 6–4　外立面装饰构成逻辑

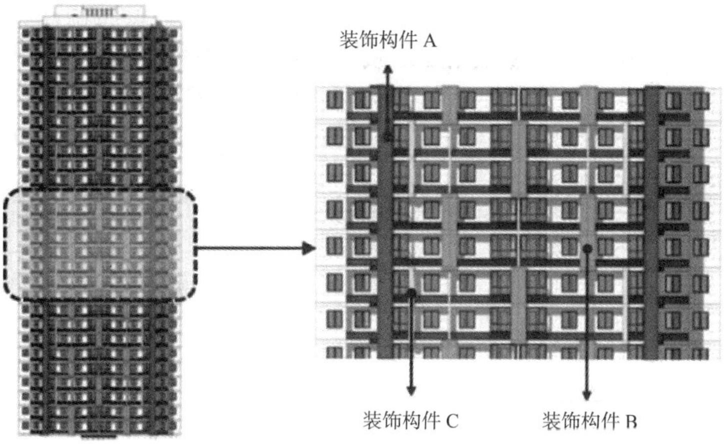

图 6–5　外立面装饰构件拆分示意图

（3）装修和设备管线系统。该项目全装修交付，土建与装修设计、施工一体化，避免现场二次作业。同时该项目全面采用装配式装修技术，包括干式工法楼地面（公共区域及户内区域）、集成厨房、整体卫生间等，大幅降低现场湿作业量，同时配套采用管线分离技术。厨房采用集成式，地面、吊顶、墙面、柜、房设备及管线等通过设计集成、工厂生产；卫生间采用整体卫生间，户内以及公共区域楼地面采用架空地面，机电管线集成敷设于吊顶、干式工法墙面以及架空地面空腔内，实现管线与主体结构分离，便于建筑使用期间管线的检修、维护。室内实景和干式地暖分别见图 6–6 和图 6–7。

图 6–6　室内实景图

图 6–7　干式地暖图

2. 解析与评价

本部分以该项目某住宅单体为例展开具体实施方案解析。项目设计建造时间早于北京市地方标准《装配式建筑评价标准》DB11/T 1831—2021 实施时间，按现行评价标准测算装配率为 94.0%，评价为 AAA（BJ）级装配式建筑，具体见表 6–10。

表 6–10　某楼栋装配率评分表

<table>
<tr><th colspan="3">评价项</th><th>评价要求</th><th>评价分值 / 分</th><th>最低分值 / 分</th><th>比例 / %</th><th>得分 / 分</th></tr>
<tr><td rowspan="2">主体结构 Q1（45 分）</td><td colspan="2">柱、支撑、承重墙、延性墙板等竖向构件</td><td>35% ≤比例≤ 80%</td><td>20 ~ 30*</td><td rowspan="2">15</td><td>78.0</td><td>29.0</td></tr>
<tr><td colspan="2">梁、楼板、屋面板、楼梯、阳台、空调板等构件</td><td>70% ≤比例≤ 80%</td><td>10 ~ 15*</td><td>80.1</td><td>15.0</td></tr>
<tr><td rowspan="4">围护墙和内隔墙 Q2（20 分）</td><td colspan="2">围护墙非砌筑非现浇</td><td>比例≥ 60%</td><td>5</td><td rowspan="4">10</td><td>96.1</td><td>5.0</td></tr>
<tr><td colspan="2">围护墙与保温、装饰一体化</td><td>50% ≤比例≤ 80%</td><td>2 ~ 5*</td><td>85.4</td><td>5.0</td></tr>
<tr><td colspan="2">内隔墙非砌筑</td><td>比例≥ 60%</td><td>5</td><td>83.3</td><td>5.0</td></tr>
<tr><td colspan="2">内隔墙与管线、装修一体化</td><td>50% ≤比例≤ 80%</td><td>2 ~ 5*</td><td>86.1</td><td>5.0</td></tr>
<tr><td rowspan="10">装修和设备管线 Q3（35 分）</td><td colspan="2">全装修</td><td>—</td><td>5</td><td>5</td><td></td><td>5.0</td></tr>
<tr><td rowspan="2">公共区域装修采用干式工法</td><td>公共建筑</td><td>比例≥ 70%</td><td rowspan="2">3</td><td rowspan="8">6</td><td></td><td></td></tr>
<tr><td>居住建筑</td><td>比例≥ 60%</td><td>≥ 60</td><td>3.0</td></tr>
<tr><td colspan="2">干式工法楼面、地面</td><td>70% ≤比例≤ 90%</td><td>3 ~ 6*</td><td>100</td><td>6.0</td></tr>
<tr><td colspan="2">集成厨房</td><td>70% ≤比例≤ 90%</td><td>3 ~ 6*</td><td>100</td><td>6.0</td></tr>
<tr><td colspan="2">集成卫生间</td><td>70% ≤比例≤ 90%</td><td>3 ~ 6*</td><td>100</td><td>6.0</td></tr>
<tr><td rowspan="3">管线分离</td><td>电气管线</td><td>60% ≤比例≤ 80%</td><td>2 ~ 5*</td><td></td><td></td></tr>
<tr><td>给排水管线</td><td>60% ≤比例≤ 80%</td><td>1 ~ 2*</td><td>≥ 80</td><td>2.0</td></tr>
<tr><td>供暖管线</td><td>70% ≤比例≤ 100%</td><td>1 ~ 2*</td><td>100</td><td>2.0</td></tr>
</table>

表 6–10（续）

评价项		评价要求	评价分值 / 分	最低分值 / 分	比例 / %	得分 / 分
加分项 Q5（6分）	信息化技术应用	设计、生产、施工全过程应用	3	—		
	绿色建筑评价星级等级	二星级	2			
		三星级	3			
装配率		94.0 / 100 × 100%=94.0%				

注：表中带“*”项的分值采用“内插值”计算，计算结果取小数点后 1 位。

该项目主体结构系统、外围护系统、装修与设备管线系统间集成度高，以现行标准评价，实现了 AAA（BJ）级装配式建筑预期效益。该项目主体结构系统与外围护系统集成度高，外墙采用结构保温装饰一体化的夹芯保温外墙板，提升建筑质量和品质；装修与设备管线系统全面实现装配式装修，采用集成厨房、整体卫生间、干式工法楼地面等技术，同时配套采用管线分离技术，工厂加工、现场采用干式工法将内装部品组合安装，湿作业量小且便于建筑使用期间管线检修更换。

6.2.3 典型案例三（公共建筑）

1. 装配式建筑系统集成方案

某综合办公类公共建筑项目位于北京市朝阳区。该项目地上 16 层，总高度约 83m，采用了多项装配式技术，其中主体结构采用钢结构体系，楼屋面采用钢梁，楼板采用钢筋桁架楼承板，楼梯为钢楼梯。建筑外立面、内部共享空间立面及采光天窗全部采用玻璃幕墙体系，内隔墙主要采用成品隔断，少部分不便施工的位置采用砌筑。内装部分采用全装修交付，应用了干式工法楼地面、集成管线和吊顶等装配式装修技术。

该项目在前期开展了装配式建筑技术方案策划，主楼应用竖向预制及水平预制构件，外围护应用保温装饰一体化围护墙，内隔墙应用非砌筑内隔墙，装修和设备管线选择集成卫生间，同时实施绿色建筑。装配式建筑技术策划方案具体见表 6–11。

表 6–11 装配式建筑技术策划方案

项目	集成方案	适宜技术方案
主体结构	竖向预制构件	钢柱
	水平预制构件	钢梁、钢楼梯、钢筋桁架楼承板等
围护墙和内隔墙	围护墙非砌筑非现浇	玻璃幕墙
	围护墙与保温、装饰一体化	玻璃幕墙

表 6-11（续）

项目	集成方案	适宜技术方案
围护墙和内隔墙	内隔墙非砌筑	玻璃幕墙、集成成品隔断、蒸压加气混凝土板材
	内隔墙与管线、装修一体化	玻璃幕墙、集成成品隔断
装修和设备管线	全装修	—
	干式工法楼面、地面	架空地板
	管线分离	电气、给排水、暖通管线分离
加分项	信息化	BIM 技术
	绿色建筑	绿色建筑相关技术

（1）主体结构系统。该项目整体设计采用了九宫格的外形和鲁班锁的结构形态，同时内部运用榫卯结构发展出来的叠梁理念将结构彼此穿插、纵横交错，形成了大体量空间形态和满足灵活适用的大空间，建筑结构模型见图 6-8。根据本项目特殊的建筑平面布置、使用功能以及抗震计算需求，大体量、大跨度的建筑空间需求以及建筑控制性指标，主体结构采用了钢结构体系，同时应用的预制构件有钢柱、钢梁、钢筋桁架楼承板和钢楼梯等。该项目钢结构设计全程采用 BIM 技术，精准对接钢结构工厂加工和现场装配，提前精准预留设备管线洞口，实现现场无误差、无缝隙精准建造，有效提升建筑空间使用效率，提高了建造速度，提升了工程质量。

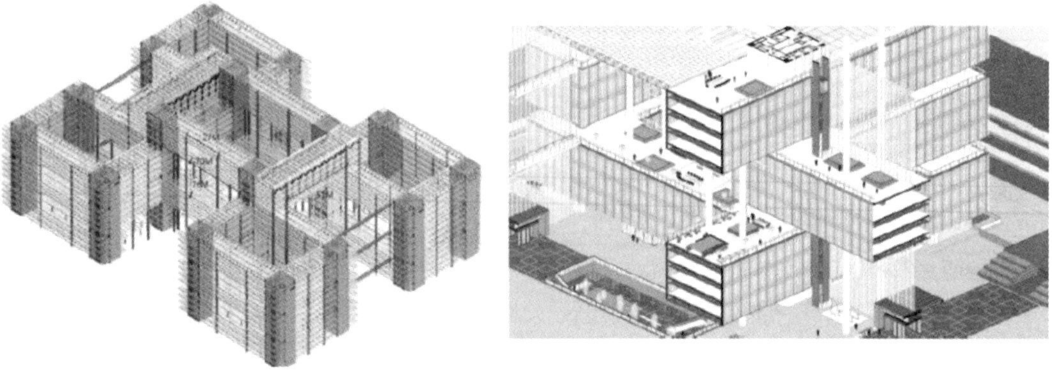

图 6-8　建筑结构模型示意图

（2）外围护和内隔墙系统。该项目外围护结构全部采用玻璃幕墙系统，主要包含三部分：标准办公空间面向室外立面的单元式幕墙采用竖明横隐单元式幕墙系统，内部共享空间立面幕墙采用竖明横隐框架式幕墙系统，采光天窗部位幕墙采用半明框幕墙系统。该幕墙系统采用集成智能化监测与控制系统、保温、隔热、装饰一体化设计，实现共享空间的自然通风感应控制，满足风雨雪气象下的智能化监测及控制要求；内隔墙主要采用玻璃幕墙体系和集成成品隔断，实现内隔墙非砌筑施工。外围护和内隔墙产品全部采用工厂预制加工，现场装配，大幅缩短工期，有效提高工程质量。

（3）装修和设备管线系统。该项目全装修交付，土建与装修设计、施工一体化，避免现场二次作业；二至十六层办公及公共区域采用架空地面（图 6–9）；公共区域全部采用轻钢龙骨吊顶，各专业设备管线主要在室内吊顶空间、地面架空层、集成成品隔断内敷设，实现与支撑体分离，便于建筑使用期间管线的检修、维护。

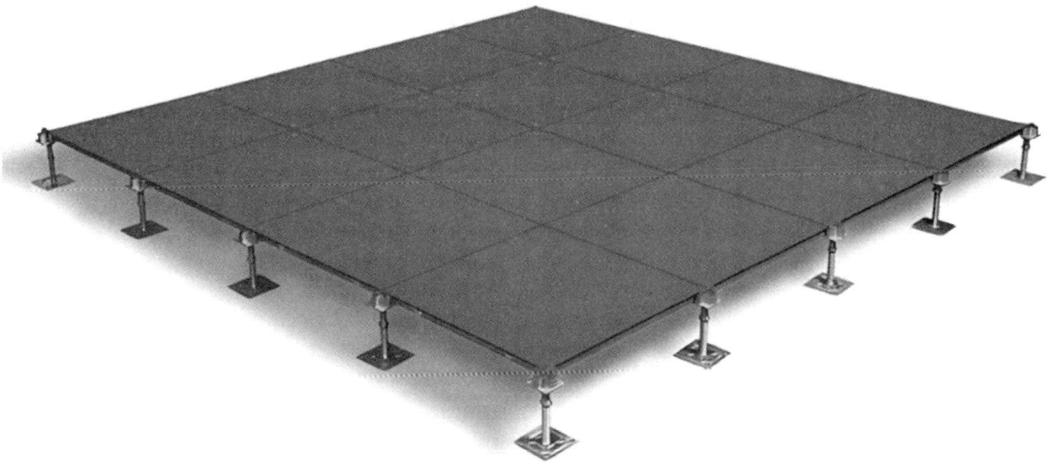

图 6–9 架空地面示意图

2. 解析与评价

本部分以该项目主楼为例展开具体实施方案解析。本项目设计建造时间早于北京市地方标准《装配式建筑评价标准》DB11/T 1831—2021 实施时间，按现行评价标准测算，其装配率为 94.9%，评价为 AAA（BJ）级装配式建筑，装配率评价详见表 6–12。

表 6–12 装配率评分表

<table>
<tr><th colspan="2">评价项</th><th>评价要求</th><th>评价分值 / 分</th><th>最低分值 / 分</th><th>比例 / %</th><th>得分 / 分</th></tr>
<tr><td rowspan="2">主体结构 Q1（45 分）</td><td>柱、支撑、承重墙、延性墙板等竖向构件</td><td>35% ≤比例 ≤ 80%</td><td>20 ~ 30*</td><td rowspan="2">15</td><td>100</td><td>30.0</td></tr>
<tr><td>梁、楼板、屋面板、楼梯、阳台、空调板等构件</td><td>70% ≤比例 ≤ 80%</td><td>10 ~ 15*</td><td>100</td><td>15.0</td></tr>
<tr><td rowspan="4">围护墙和内隔墙 Q2（20 分）</td><td>围护墙非砌筑非现浇</td><td>比例≥ 60%</td><td>5</td><td rowspan="4">10</td><td>100</td><td>5.0</td></tr>
<tr><td>围护墙与保温、装饰一体化</td><td>50% ≤比例 ≤ 80%</td><td>2 ~ 5*</td><td>100</td><td>5.0</td></tr>
<tr><td>内隔墙非砌筑</td><td>比例≥ 60%</td><td>5</td><td>83</td><td>5.0</td></tr>
<tr><td>内隔墙与管线、装修一体化</td><td>50% ≤比例 ≤ 80%</td><td>2 ~ 5*</td><td>83</td><td>5.0</td></tr>
</table>

表 6-12（续）

评价项			评价要求	评价分值 / 分	最低分值 / 分	比例 / %	得分 / 分
装修和设备管线 Q3（35 分）	全装修		—	5	5		5.0
	公共区域装修采用干式工法	公共建筑	比例≥ 70%	3	6		
		居住建筑	比例≥ 60%				
	干式工法楼面、地面		70% ≤比例≤ 90%	3 ～ 6*		82	4.8
	集成厨房		70% ≤比例≤ 90%	3 ～ 6*		—	—
	集成卫生间		70% ≤比例≤ 90%	3 ～ 6*			
	管线分离	电气管线	60% ≤比例≤ 80%	2 ～ 5*		80	5.0
		给排水管线	60% ≤比例≤ 80%	1 ～ 2*		80	2.0
		供暖管线	70% ≤比例≤ 100%	1 ～ 2*		—	—
加分项 Q5（6 分）	信息化技术应用		设计、生产、施工全过程应用	3	—		3.0
	绿色建筑评价星级等级		二星级	2			
			三星级	3			3.0
装配率			81.8 /（100−8）× 100% + 6% = 94.9%				

注：表中带“*”项的分值采用“内插值”计算，计算结果取小数点后 1 位。

该项目采用装配式钢结构、幕墙系统和装配式装修等多项装配式技术，整体建造过程基本实现全装配，达到了 AAA（BJ）级装配式建筑的实施预期效益，起到了标志性的技术示范引领作用。该项目主体结构采用钢结构体系，外围护系统采用了玻璃幕墙系统，集成智能化检测与控制体系、保温、隔热、装饰一体化，实现全装配，极大减少架体和现场湿作业；内隔墙采用幕墙和成品隔断，同时实现内隔墙非砌筑和内隔墙与管线、装修一体化。装修与设备管线系统主要采用集成吊顶和架空地板技术，配合装配式隔墙系统，可灵活调整建筑功能布局；同时各专业管线均采用管线分离技术，便于建筑使用期间的检修、维护。该项目建造时采用 BIM 技术作为建筑设计、施工、运维的基础性工具，实现了建设全过程高效管控。

7 装配式工业建筑及农宅系统集成方案

本章结合装配式工业建筑、装配式农宅的特点，综合分析形成3个工业建筑和3个农宅系统集成方案。本章提供的装配式建筑系统集成方案可供工业建筑中的工业厂房、仓库以及农宅等建筑类型参考。

7.1 装配式工业建筑及农宅系统集成推荐方案

工业建筑通常指供人们从事各类生产活动的建筑物，不仅需满足不同工业生产的特定需求，还要符合适用性、安全性、经济性、美观性等基本建筑标准，为工人创造良好的生产环境。工业建筑中以厂房和仓库为代表，此类建筑通常具有层高高、荷载大、建筑布局标准化程度高、内部有较大空间等特点。规模化建设的装配式农宅其特点与居住建筑类似。本章按照装配式工业建筑、装配式农宅实施要求，结合装配式工业建筑、装配式农宅的特点，综合分析形成3个装配式工业建筑系统集成方案、3个装配式农宅系统集成推荐方案，详见表7–1。

表7–1 装配式工业建筑及农宅系统集成推荐方案汇总

方案	推荐应用范围	主体结构	围护墙和内隔墙	装修和设备管线	加分项*	技术集成特点
工业建筑方案一	厂房、仓库等工业建筑	装配式混凝土结构（框架结构等）	1. 围护墙非砌筑非现浇； 2. 内隔墙非砌筑； 3. 内隔墙与管线、装修一体化	1. 公共区域装修采用干式工法； 2. 管线分离（给排水、电气、供暖）	—	主体结构可采用高效装配化建造；围护结构采用成型板材等；内隔墙与装修管线一体化，部分区域实施装配式装修和管线分离
工业建筑方案二		装配式混凝土结构（框架结构等）	1. 围护墙非砌筑非现浇； 2. 围护墙与保温、装饰一体化； 3. 内隔墙非砌筑； 4. 内隔墙与管线、装修一体化	1. 公共区域装修采用干式工法； 2. 管线分离（给排水、电气、供暖）	1. 信息化技术应用； 2. 绿色建筑	主体结构采用装配式建造；围护结构采用成型板材，并实现围护结构、保温、装饰一体化，提升围护结构质量品质、耐久性能和工业化建造水平；内隔墙与装修管线一体化，部分区域采用装配式装修和管线分离技术

表 7-1（续）

方案	推荐应用范围	主体结构	围护墙和内隔墙	装修和设备管线	加分项*	技术集成特点
工业建筑方案三	厂房、仓库等工业建筑	钢结构	1. 围护墙非砌筑非现浇； 2. 围护墙与保温、装饰一体化； 3. 内隔墙非砌筑； 4. 内隔墙与管线、装修一体化	1. 公共区域装修采用干式工法； 2. 管线分离（给排水、电气、供暖）	1. 信息化技术应用； 2. 绿色建筑	主体结构采用钢结构，实现高效建造；围护结构采用一体化墙板或成型板材等；内隔墙与装修管线一体化，部分区域采用装配式装修和管线分离技术
农宅方案一	农宅	装配式混凝土结构（装配式多层墙板等）	1. 围护墙非砌筑非现浇； 2. 内隔墙非砌筑	1. 集成卫生间； 2. 管线分离（给排水）	—	主体结构可采用装配式建造；围护结构采用成型板材，并宜实现结构、保温、装饰一体化；部分区域实施装配式装修和管线分离
农宅方案二		钢结构	1. 围护墙非砌筑非现浇； 2. 内隔墙非砌筑	1. 集成卫生间； 2. 管线分离（给排水）	1. 信息化技术应用； 2. 绿色建筑	主体结构采用钢结构，实现高效建造；围护结构采用成型板材等；部分区域实施装配式装修和管线分离
农宅方案三		钢结构	1. 围护墙非砌筑非现浇； 2. 内隔墙非砌筑	1. 集成厨房； 2. 集成卫生间； 3. 管线分离（给排水、电气、供暖）	1. 信息化技术应用； 2. 绿色建筑	主体结构采用钢结构，实现高效建造；围护结构采用成型板材等；厨房及卫生间等区域实施装配式装修和管线分离

注："*"代表加分项技术内容可根据项目实际情况合理选用。

7.1.1 工业建筑

1. 工业建筑系统集成方案一

工业建筑通常有层高高、荷载大、建筑布局标准化程度高等特点，可优先考虑采用主体结构系统水平构件或竖向构件的装配式技术，充分发挥工业建筑标准化、模块化的优势。工业建筑系统集成方案一详见表 7–2，该方案可实现基础级装配率要求。

表 7–2 工业建筑系统集成方案一

<table>
<tr><th colspan="3">集成方案</th><th>适宜技术方案</th><th>比例</th><th>技术特点</th></tr>
<tr><td>主体结构</td><td colspan="2">水平预制构件</td><td>预制梁、叠合板、预制预应力楼板、预制楼梯等</td><td>≥ 80%*</td><td>技术成熟，适用性强，施工难度低，与竖向构件合理搭配可实现高效建造</td></tr>
<tr><td rowspan="3">围护墙和内隔墙</td><td colspan="2">围护墙非砌筑非现浇</td><td>金属夹芯保温板、蒸压加气混凝土板材、幕墙等</td><td>≥ 60%*</td><td>外墙可实现工厂加工、现场装配化施工，减少外墙湿作业量，提升外墙质量、品质和耐久性能</td></tr>
<tr><td colspan="2">内隔墙非砌筑</td><td>蒸压加气混凝土板材、轻钢龙骨隔墙等</td><td>≥ 60%*</td><td>技术成熟，质量易控制，现场施工效率高</td></tr>
<tr><td colspan="2">内隔墙与管线、装修一体化</td><td>轻钢龙骨隔墙、复合集成墙体等</td><td>≥ 50%*</td><td>现场干式工法作业，施工速度快，工业化水平高，质量易控制；可较好地实现管线分离，提高建筑使用期间的可维护性和延长建筑寿命</td></tr>
<tr><td rowspan="5">装修和设备管线</td><td colspan="2">全装修</td><td>—</td><td>全面应用</td><td>可实现主体、围护、装修和机电管线一体化设计、一体化实施，避免后期装修过程中的拆改、资源浪费</td></tr>
<tr><td colspan="2">公共区域装修采用干式工法</td><td>轻钢龙骨隔墙、复合集成墙体、集成吊顶等</td><td>100%</td><td>可实现公共区域装配式装修及机电管线分离，方便管线检修和维护，减少现场湿作业和全生命周期的资源浪费</td></tr>
<tr><td rowspan="3">管线分离</td><td>电气管线</td><td>管线集成敷设于吊顶、管线装修一体化内隔墙内等</td><td>≥ 80%</td><td rowspan="3">可实现管线检修、维护和更换，提升建筑可维护性和延长建筑寿命</td></tr>
<tr><td>给排水管线</td><td>管线集成敷设于吊顶、管线装修一体化内隔墙内等</td><td>≥ 80%</td></tr>
<tr><td>供暖管线</td><td>管线明装或集成敷设于吊顶内等</td><td>100%</td></tr>
</table>

注：方案中列举的加“*”的比例为最低应用比例要求，实际工程实施过程中，应以实施综合效益为目标，合理选择实施比例。

工业建筑系统集成方案一主要特点如下：

（1）主体结构系统采用混凝土结构，推荐选用少支模少支撑的水平预制构件技术体系。竖向构件可采用普通现浇柱、预制柱或薄壁钢管免拆模柱等，水平预制构件采用预制梁、叠合板、预制楼梯、预制预应力楼板等。水平预制构件均采用工厂生产、现场装配化施工，加工和施工工艺相对成熟，工业化程度高。在主体结构技术方案选型和设计过程中，应注重梁柱节点设计、楼板选型，以实现水平构件少支撑、免支模施工，提高建造效率和装配式技术实施效益。水平预制构件的应用比例应满足不低于 80% 的评价得分要求。

（2）外围护系统可采用金属夹芯保温板、蒸压加气混凝土板材、幕墙等。金属夹芯保温板具有自重轻、保温性能好等优点，工厂生产，现场干式工法施工，安装速度快，工业化程度高，在工业建筑中应用广泛。蒸压加气混凝土板材具有自重轻、连接方便、构造简单、保温性能好等优点，可实现工厂自动化生产、现场装配化安装，工业化程度高，近年来在建筑外围护结构中得到较为广泛的应用。幕墙系统具有技术成熟、物理性能好、现场装配化程度高等优点，在部分工业建筑中有较为广泛的应用。

内隔墙系统建议可采用管线装修一体化内隔墙，如轻钢龙骨隔墙、带基层墙板的复合集成墙体、装配式模块化隔墙等。管线装修一体化内隔墙具有材料节能环保、重量轻、施工快捷方便、布局灵活可调、易于改造，可实现管线分离和检修维护等优势，可较好地满足此类工业建筑的需求。

（3）装修和设备管线系统选择公共区域装修采用干式工法技术，选择干式工法墙面、集成吊顶及干式工法楼地面技术，实现公共区域的装配式装修，电气、给排水、供暖管线可集成敷设于吊顶或管线装修一体化内隔墙内，方便检修和维护。需注意该方案的管线分离比例有一定要求，以满足基础级装配式评价要求。

以上集成技术方案的应用通过少支撑少支模体现主体结构的高效建造，提高围护结构的质量品质和工业化建造水平，并通过部分装配式装修技术的应用，实现建筑全生命周期的灵活可变和长寿化。但在具体项目实施过程中，应关注技术产品的合理选择和最终实施效益的达成。

2. 工业建筑系统集成方案二

工业建筑在应用装配式技术时，宜优先考虑主体结构的高效建造。工业建筑系统集成方案一仅考虑了水平构件的装配化建造，当需实现更高的装配式建筑评价等级要求时，可进一步扩展装配化建造的应用范围。工业建筑系统集成方案二的主体结构系统采用竖向及水平预制构件，实现了主体结构的全面装配式建造，同时可满足 A（BJ）级及以上装配式建筑评价等级要求，详见表 7-3。

表 7-3　工业建筑系统集成方案二

集成方案		适宜技术方案	比例	技术特点
主体结构	竖向预制构件	预制柱、预制剪力墙等	≥ 35%*	技术成熟，与水平预制构件合理结合应用可实现高效建造
	水平预制构件	预制梁、叠合板、预制预应力楼板、预制楼梯等	≥ 70%*	技术成熟，与竖向构件合理搭配可实现高效建造；应尽量实现水平构件少支撑免支模施工
围护墙和内隔墙	围护墙非砌筑非现浇	金属夹芯保温板、蒸压加气混凝土板材、幕墙、夹芯保温外挂墙板等	≥ 60%*	外墙可实现工厂加工、现场装配化施工，减少外墙湿作业量，提升外墙质量、品质和耐久性能

表 7–3（续）

<table>
<tr><th colspan="3">集成方案</th><th>适宜技术方案</th><th>比例</th><th>技术特点</th></tr>
<tr><td rowspan="3">围护墙和内隔墙</td><td colspan="2">围护墙与保温、装饰一体化</td><td>金属夹芯保温板、幕墙、夹芯保温外挂墙板等</td><td>≥ 50%*</td><td>外墙实现结构保温装饰一体化，施工速度快，现场作业量少，外墙防水、保温、耐久性能好、品质高</td></tr>
<tr><td colspan="2">内隔墙非砌筑</td><td>蒸压加气混凝土板材、轻钢龙骨隔墙等</td><td>≥ 60%*</td><td>技术成熟，质量易控制，现场施工效率高</td></tr>
<tr><td colspan="2">内隔墙与管线、装修一体化</td><td>轻钢龙骨隔墙、复合集成墙体等</td><td>≥ 50%*</td><td>现场干式工法作业，施工速度快，工业化水平高，质量易控制；可较好地实现管线分离，提高建筑使用期间的可维护性和延长建筑寿命</td></tr>
<tr><td rowspan="5">装修和设备管线</td><td colspan="2">全装修</td><td>—</td><td>全面应用</td><td>可实现主体、围护、装修和机电管线一体化设计、一体化实施，避免后期装修过程中的拆改、资源浪费</td></tr>
<tr><td colspan="2">公共区域装修采用干式工法</td><td>装配式墙面、装配式地面、集成吊顶等</td><td>100%</td><td>可实现公共区域装配式装修及机电管线分离，方便管线检修和维护，减少地面湿作业量和全生命周期的资源浪费</td></tr>
<tr><td rowspan="3">管线分离</td><td>电气管线</td><td>管线集成敷设于吊顶、管线装修一体化内隔墙内等</td><td>≥ 60%*</td><td rowspan="3">实现管线检修、维护和更换，提升建筑可维护性和延长建筑寿命</td></tr>
<tr><td>给排水管线</td><td>管线集成敷设于吊顶、管线装修一体化内隔墙内等</td><td>≥ 60%*</td></tr>
<tr><td>供暖管线</td><td>管线明装或集成敷设于吊顶内等</td><td>≥ 70%*</td></tr>
<tr><td rowspan="2">加分项</td><td colspan="2">信息化技术应用</td><td>BIM 技术等</td><td>全过程应用</td><td>提高设计、加工和施工阶段全过程、全专业的协同，提高建造效率，保障建筑质量和品质，提升建筑运行期间的维护水平</td></tr>
<tr><td colspan="2">绿色建筑</td><td>绿色建筑相关技术</td><td>二星或三星</td><td>节约资源，保护环境，减少污染，提供健康、适用、高效的使用空间</td></tr>
</table>

注：方案中列举的加“*”的比例为最低应用比例要求，实际工程实施过程中，应以实施综合效益为目标，合理选择实施比例。

工业建筑系统集成方案二主要特点如下：

（1）主体结构系统采用免支模少支撑的技术体系，包括装配式框架结构体系、装配式框架－剪力墙结构体系等。竖向预制构件采用预制柱、预制剪力墙等，水平预制构件采用预制梁、叠合板、预制楼梯、预制预应力楼板等。预制竖向及水平构件均采用工厂生产、装配化施工，加工和施工工艺相对成熟，工业化程度高。在主体结构技术方案选型和设计过程中，应注重梁柱节点设计、楼板选型，以实现水平构件少支撑、免支模施工，提高建造效率和装配式技术实施效益。竖向预制构件的布置应综合考虑建造效率和实施效益，集成方案中的实施比例仅为最低要求，同一工程中宜避免预制柱与现浇柱混用的情况。

（2）外围护系统采用集保温装饰一体化的围护结构，如金属夹芯保温板、幕墙、夹芯保温外挂墙板等。金属夹芯保温板具有自重轻、保温性能好等优点，工厂生产，现场干式工法施工，安装速度快，工业化程度高，在工业建筑中应用广泛。幕墙技术在国内外已经被广泛采用，并积累了丰富的工程应用经验，外围护结构可采用围护、保温、装饰一体化的幕墙系统。夹芯保温外挂墙板可实现围护墙体与保温、装饰材料一体化成型，具有良好的防水、保温、防火和耐久性能，可提升建筑外墙的质量和品质。夹芯保温外挂墙板采用工厂化生产，装配化施工，工业化程度高，现场无湿作业，能降低劳动强度、提高施工建造速度，相关技术成熟可靠，应用过程中应重点关注外挂墙板在加工、施工阶段的工艺和质量控制。

工业建筑系统集成方案二的内隔墙系统技术特点与集成方案一类似，在此不再赘述。

（3）与工业建筑系统集成方案一类似，装修和设备管线系统选择公共区域装修采用干式工法技术，结合装配式装修的应用，实现电气、给排水、供暖管线分离，方便检修和维护，提高建筑使用期间的可维护性和延长建筑寿命。

以上集成技术方案的应用可实现工业类建筑的主体结构高效建造，提升围护结构的质量品质和工业化建造水平，并通过部分装配式装修技术的应用，实现建筑全生命周期的灵活可变和长寿化。

3. 工业建筑系统集成方案三

钢结构基于自重轻、抗震性能好、施工速度快、工业化建造水平高等特点，在工业建筑中均得到了较广泛的应用。工业建筑系统集成方案三的主体结构系统采用装配式钢结构，实现了主体结构的全面装配式建造，同时可满足 A（BJ）级及以上装配式建筑评价等级要求，详见表 7–4。

表 7–4　工业建筑系统集成方案三

集成方案		适宜技术方案	比例	技术特点
主体结构	竖向预制构件	钢柱、钢管混凝土柱等	—	技术成熟，施工速度快，装配化程度高，自重轻，抗震性能好，应用规模大
	水平预制构件	钢梁、钢楼梯、钢筋桁架楼承板、免支模免支撑楼板等	100%	技术成熟，适用性强，工业化程度高，实施难度低

表 7-4（续）

集成方案			适宜技术方案	比例	技术特点
围护墙和内隔墙	围护墙非砌筑非现浇		金属夹芯保温板、幕墙、蒸压加气混凝土板材等	≥ 60%*	外墙可实现工厂加工、现场装配化施工，减少外墙湿作业量，提升外墙质量、品质和耐久性能
	围护墙与保温、装饰一体化		金属夹芯保温板、幕墙等	≥ 50%*	外墙实现结构保温装饰一体化，施工速度快，现场作业量少，外墙防水、保温、耐久性能好、品质高
	内隔墙非砌筑		蒸压加气混凝土板材、轻钢龙骨隔墙等	≥ 60%*	干式工法作业，施工速度快，与主体结构匹配性好，部分墙体可实现管线分离
	内隔墙与管线、装修一体化		轻钢龙骨隔墙、复合集成墙体等	≥ 50%*	现场干式工法作业，施工速度快，工业化水平高，质量易控制；可较好地实现管线分离，提高建筑使用期间的可维护性和延长建筑寿命
装修和设备管线	全装修		—	全面应用	可实现主体、围护、装修和机电管线一体化设计、一体化实施，避免后期装修过程中的拆改、资源浪费
	公共区域装修采用干式工法		装配式墙面、装配式地面、集成吊顶等	100%	可实现公共区域装配式装修及机电管线分离，方便管线检修和维护，减少地面湿作业量和全生命周期的资源浪费
	管线分离	电气管线	管线集成敷设于吊顶、管线装修一体化内隔墙内等	≥ 60%*	可实现管线检修、维护和更换，提升建筑可维护性和延长建筑寿命
		给排水管线	管线集成敷设于吊顶、管线装修一体化内隔墙内等	≥ 80%	
		供暖管线	管线明装或集成敷设于吊顶内等	100%	
加分项	信息化技术应用		BIM 技术等	全过程应用	提高设计、加工和施工阶段全过程、全专业的协同，提高建造效率，保障建筑质量和品质，提升建筑运行期间的维护水平

表 7-4（续）

集成方案		适宜技术方案	比例	技术特点
加分项	绿色建筑	绿色建筑相关技术	二星或三星	节约资源，保护环境，减少污染，提供健康、适用、高效的使用空间

注：方案中列举的加“*”的比例为最低应用比例要求，实际工程实施过程中，应以实施综合效益为目标，合理选择实施比例。

工业建筑系统集成方案三主要特点如下：

（1）主体结构系统采用钢结构体系，具体的结构体系类型包括：钢框架结构、钢框架－支撑结构、钢框架－混凝土核心筒结构、钢框架－剪力墙结构、钢管混凝土框架－混凝土核心筒结构等。竖向构件可采用钢柱或钢管混凝土柱，水平构件采用钢梁，楼板可选择压型钢板组合楼板、钢筋桁架楼承板或其他免支模楼板，水平预制构件应用比例可达到或接近 100%。除传统的钢结构体系外，近年来研发和应用的钢柱（钢管混凝土柱）－预制混凝土梁组合结构体系结合了钢结构和预制混凝土结构的优点，其建造速度和工业化程度接近钢结构体系，而综合造价要显著低于传统钢结构，是工业建筑主体结构的合理选择之一。

（2）外围护系统采用集保温装饰一体化的围护结构，如金属夹芯保温板、幕墙等。金属夹芯保温板具有自重轻、保温性能好等优点，工厂生产，现场干式工法施工，安装速度快，工业化程度高，在工业建筑中应用广泛。幕墙技术在国内外已经被广泛采用，并积累了丰富的工程应用经验，外围护结构可采用围护、保温、装饰一体化的幕墙系统。

工业建筑系统集成方案三的内隔墙系统技术特点与集成方案一类似，在此不再赘述。

（3）与工业建筑系统集成方案一类似，装修和设备管线系统选择公共区域装修采用干式工法技术，结合装配式装修的应用，实现电气、给排水、供暖管线分离，方便检修和维护，提高建筑使用期间的可维护性和延长建筑寿命。

以上集成技术方案的应用可实现钢结构工业建筑的主体结构高效建造，提升围护结构的质量品质和工业化建造水平，并通过较为全面的装配式装修技术应用，实现建筑全生命周期的灵活可变和长寿化。

7.1.2 农宅

装配式农宅指在农村地区采用预制构件装配而成的住宅建筑，是为农村家庭量身打造的居住空间。随着农村基础设施的日益完善和产业结构的多样化发展，农村地区的经济活力得到了显著增强，商品零售、旅游民宿等新兴产业不断融入，村民文化素养和审美需求不断提升，共同推动了对农宅品质和功能需求的提升。

鉴于农村地区的经济发展和技术进步，装配式农宅应以发展主体结构和外围护系统的装配式建造为主、推广装配式内装技术和管线分离技术为辅的模式，有效提升农宅的建筑品质，满足农村居民对美好生活空间的追求。

1. 农宅系统集成方案一

农宅系统集成方案一详见表 7-5。本方案的重点是推广装配式混凝土结构体系和部分采用装配式内装系统。

表 7–5 农宅系统集成方案一

系统	集成方案		适宜技术方案
主体结构	竖向预制构件		装配式多层墙板、装配式叠合剪力墙等
	水平预制构件		预制梁、叠合板、预制预应力楼板、预制楼梯等
围护墙和内隔墙	围护墙非砌筑非现浇		蒸压加气混凝土板材、夹芯保温外挂墙板等
	内隔墙非砌筑		蒸压加气混凝土板材、轻钢龙骨隔墙等
装修和设备管线	全装修		—
	集成卫生间		整体卫生间或集成卫生间
	管线分离	给排水管线	管线集成敷设于吊顶、管线装修一体化内隔墙、架空地面内等

农宅系统集成方案一主要特点如下：

（1）主体结构系统采用装配式混凝土结构体系，常见的有装配式多层墙板技术、装配式叠合剪力墙技术等。

（2）采用非砌筑围护墙及内隔墙，可实现围护墙快速施工。非砌筑围护墙及内隔墙有较多成熟产品可供选择。

（3）装修和设备管线系统采用了集成卫生间及管线分离技术，应用集成卫生间技术优先选择技术成熟的整体卫生间，并重点关注卫生间机电接口、底盘与地漏接口、排水坡度、地漏排水以及墙板密封等构造部位的施工工艺。在整体卫生间内，可将给排水管线敷设于干式工法墙面、集成吊顶和干式工法楼地地面的空腔内，结合检修口的设置，可便于目前居住建筑中给排水管线检修更换。

该方案重点推广主体结构装配化建造技术、装配式内装技术以及管线分离技术，信息化技术及绿色建筑技术可根据项目实际情况合理选用。

2. 农宅系统集成方案二

农宅系统集成方案二详见表 7–6。本方案的重点是推广钢结构体系和部分采用装配式内装系统。

表 7–6 农宅系统集成方案二

系统	集成方案		适宜技术方案
主体结构	钢结构		低层轻钢框架结构等
围护墙和内隔墙	围护墙非砌筑非现浇		蒸压加气混凝土板材、夹芯保温外挂墙板等
	内隔墙非砌筑		蒸压加气混凝土板材、轻钢龙骨隔墙等
装修和设备管线	全装修		—
	集成卫生间		整体卫生间或集成卫生间
	管线分离	给排水管线	管线集成敷设于吊顶、管线装修一体化内隔墙、架空地面内等

农宅系统集成方案二主要特点如下：

（1）主体结构系统采用钢结构体系，目前市场供应充足，施工难度低，已有非常成熟的应用经验。

（2）采用非砌筑围护墙及内隔墙，可实现围护墙快速施工。非砌筑围护墙及内隔墙有较多成熟产品可供选择。

（3）装修和设备管线系统同集成方案一。

该方案重点推广主体结构采用钢结构、装配式内装相关技术，采用集成（整体）卫生间技术，实现管线分离，便于设备管线维护和更换，有利于保障建筑的长久使用性能。信息化技术及绿色建筑技术可根据项目实际情况合理选用。

3. 农宅系统集成方案三

农宅系统集成方案三详见表 7–7。本方案的重点是推广钢结构体系和全面采用装配式内装系统。

表 7–7 农宅系统集成方案三

<table>
<tr><th>系统</th><th colspan="2">集成方案</th><th>适宜技术方案</th></tr>
<tr><td>主体结构</td><td colspan="2">钢结构</td><td>低层钢框架结构等</td></tr>
<tr><td rowspan="2">围护墙和内隔墙</td><td colspan="2">围护墙非砌筑非现浇</td><td>蒸压加气混凝土板材、夹芯保温外挂墙板等</td></tr>
<tr><td colspan="2">内隔墙非砌筑</td><td>蒸压加气混凝土板材、轻钢龙骨隔墙等</td></tr>
<tr><td rowspan="8">装修和设备管线</td><td colspan="2">全装修</td><td>—</td></tr>
<tr><td colspan="2">集成卫生间</td><td>整体卫生间或集成卫生间</td></tr>
<tr><td rowspan="3">集成厨房</td><td>墙面</td><td>轻钢龙骨隔墙、复合集成墙体等</td></tr>
<tr><td>吊顶</td><td>集成吊顶，如铝扣板吊顶、蜂窝板吊顶等</td></tr>
<tr><td>地面</td><td>干式工法楼地面等</td></tr>
<tr><td rowspan="3">管线分离</td><td>电气管线</td><td>管线集成敷设于吊顶、管线装修一体化内隔墙、架空地面内等技术</td></tr>
<tr><td>给排水管线</td><td>管线集成敷设于吊顶、管线装修一体化内隔墙、架空地面内等</td></tr>
<tr><td>供暖管线</td><td>管线集成敷设于吊顶、架空地面内等</td></tr>
</table>

农宅系统集成方案三主要特点如下：

（1）主体结构系统采用钢结构体系，目前市场供应充足，施工难度低，已有非常成熟的应用经验。

（2）采用非砌筑围护墙及内隔墙，可实现围护墙快速施工。非砌筑围护墙及内隔墙有较多成熟产品可供选择。

（3）装修和设备管线系统采用了集成厨房和集成卫生间等技术，可方便实现电气管线、给排水管线、供暖管线的分离。卫生间优先选用整体卫生间技术。

该方案重点推广主体结构采用钢结构、装配式内装与设备管线的相关集成技术，实现填充体与支撑体的分离，提高了部品的耐久性，便于设备管线维护和更换，有利于保障建筑的长久使用性能。信息化技术及绿色建筑技术可根据项目实际情况合理选用。

7.2 典型案例分析

本节选取了3项装配式工业建筑典型案例分析了其技术特点，供工程技术人员参考借鉴。

7.2.1 典型案例一

1. 装配式建筑系统集成方案

某生产厂房位于亦庄区，建成于2023年，是集结构工业化、精装工业化于一体的高新技术产业园项目。该项目共有2栋高层工业厂房和1栋多层宿舍楼，其中2栋工业厂房均采用混凝土框架结构，层数为5层，首层层高为6m，标准层层高为5m。该项目以装配式建筑系统集成理念贯穿方案及施工图等设计阶段，提高标准化程度，减少现场湿作业量，加快施工速度，降低建造成本。

该项目在前期开展了装配式建筑技术方案策划，厂房楼栋应用水平预制构件，外围护应用轻质混凝土板材＋幕墙体系，内隔墙应用管线、装修一体化隔墙，装修和设备管线应用干式工法装修和管线分离技术，同时实施绿色建筑。装配式建筑技术策划方案具体见表7–8。

表7–8 装配式建筑技术策划方案

项目	集成方案	采用技术方案
主体结构	水平预制构件	预应力空心板（SP板）、预制阳台板等
围护墙和内隔墙	围护墙非砌筑非现浇	轻质混凝土板材＋幕墙
	围护墙与保温、装饰一体化	幕墙
	内隔墙非砌筑	轻钢龙骨隔墙
	内隔墙与管线、装修一体化	轻钢龙骨隔墙
装修和设备管线	全装修	—
	公共区域装修采用干式工法	装配式墙面、装配式地面、集成吊顶等
	管线分离	给排水、电气、暖通管线分离
加分项	绿色建筑	二星级

（1）主体结构系统。该项目厂房楼栋主体结构采用混凝土框架结构体系，采用的水平预制构件为大跨度预应力空心板，应用范围为首层顶至屋面层，标准层水平预制构件布置见图7–1；预应力空心板采用1.2m标准宽度，板厚度为200mm，两板之间设置50mm板缝，方便调整安装误差也可用于铺设设备管线，后浇叠合层厚度为50mm，预应力空心板典型柱跨布置及节点见图7–2；该项目由于楼梯间平面布局不规则，故该项目未应用预制楼梯。该项目主体结构技术方案选型实现了楼板免支撑施工，提高了建造效率和装配式建筑技术实施效益。

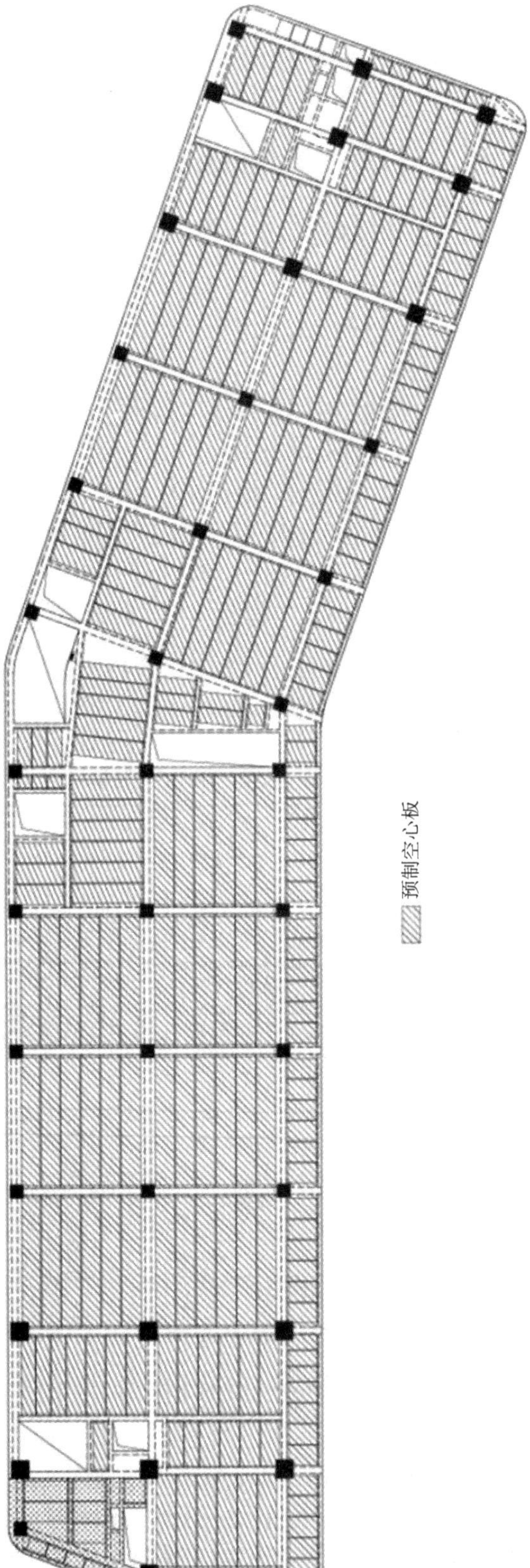

图 7-1　标准层水平预制构件布置图

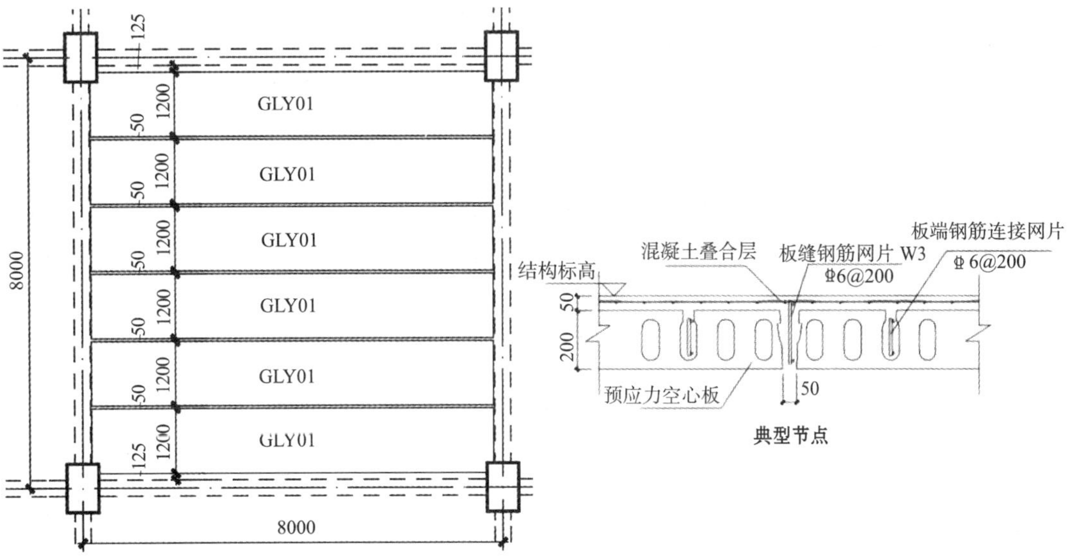

图 7–2 典型柱跨预制楼板布置方案及典型节点

（2）外围护和内隔墙系统。该项目外围护采用轻质混凝土板材配合金属板幕墙体系，相比于传统的玻璃幕墙，该项目有较大面积的实体墙，竖向遮阳效率高，可提高建筑节能环保性能；同时采用基层墙体加幕墙的围护体系可实现围护墙与保温、装饰一体化，施工精度高、速度快，便于实现统一的建筑立面效果。工业建筑通常对内部空间有较高要求，且平面布局要适应研发、中试、生产等工业流程的使用需求，内隔墙布置需灵活可变，各类管线与支撑体的分离，便于更新和维护。该项目内隔墙采用轻钢龙骨隔墙，实现内隔墙非砌筑，同时隔墙两面均采用成品装饰面板，工厂一体化加工，现场干式工法安装，可实现内隔墙与管线、装修一体化，复合基层墙体具有施工便捷、方便后期维护等优点。

（3）装修和设备管线系统。该项目为全装修交付，土建与装修设计、施工一体化，避免现场二次作业；同时该项目公共区域装修采用干式工法施工，包括装配式墙面、装配式地面、集成吊顶等，减少现场湿作业，节能环保。该项目同时应用机电管线分离技术，管线集成布置在吊顶或干式工法墙面、地面空腔内，便于建筑使用阶段的管线维护、检修与更换。

2. 解析与评价

本部分以该项目某栋厂房为例展开具体实施方案解析。该项目执行标准为《装配式建筑评价标准》DB11/T 1831—2021，装配率为 52.1%，评价为基础级装配式建筑，详见表 7–9。

表 7–9 某楼栋装配率评分表

评价项		评价要求	评价分值/分	最低得分/分	应用比例/%	实际得分/分
主体结构 Q1（45 分）	柱、支撑、承重墙、延性墙板等竖向构件	35% ≤ 比例 ≤ 80%	20 ~ 30*	15		
	梁、楼板、屋面板、楼梯、阳台、空调板等构件	70% ≤ 比例 ≤ 80%	10 ~ 15*		80.16	15.0

表 7–9（续）

<table>
<tr><th colspan="3">评价项</th><th>评价要求</th><th>评价分值 / 分</th><th>最低得分 / 分</th><th>应用比例 / %</th><th>实际得分 / 分</th></tr>
<tr><td rowspan="4">围护墙与内隔墙 Q2（20 分）</td><td colspan="2">围护墙非砌筑非现浇</td><td>比例≥ 60%</td><td>5</td><td rowspan="4">10</td><td>72.79</td><td>5.0</td></tr>
<tr><td colspan="2">围护墙与保温、装饰一体化</td><td>50% ≤比例≤ 80%</td><td>2 ~ 5*</td><td>50.52</td><td>2.0</td></tr>
<tr><td colspan="2">内隔墙非砌筑</td><td>比例≥ 60%</td><td>5</td><td>80.63</td><td>5.0</td></tr>
<tr><td colspan="2">内隔墙与管线、装修一体化</td><td>50% ≤比例≤ 80%</td><td>5*</td><td>80.63</td><td>5.0</td></tr>
<tr><td rowspan="9">装修与设备管线 Q3（35 分）</td><td colspan="2">全装修</td><td>—</td><td>5</td><td>5</td><td></td><td>5.0</td></tr>
<tr><td rowspan="2">公共区域装修采用干式工法</td><td>公共建筑</td><td>比例≥ 70%</td><td rowspan="2">3</td><td rowspan="6">6</td><td>79.86</td><td>3.0</td></tr>
<tr><td>居住建筑</td><td>比例≥ 60%</td><td></td><td></td></tr>
<tr><td colspan="2">干式工法楼面、地面</td><td>70% ≤比例≤ 90%</td><td>3 ~ 6*</td><td></td><td></td></tr>
<tr><td colspan="2">集成厨房</td><td>70% ≤比例≤ 90%</td><td>3 ~ 6*</td><td>—</td><td>—</td></tr>
<tr><td colspan="2">集成卫生间</td><td>70% ≤比例≤ 90%</td><td>3 ~ 6*</td><td></td><td></td></tr>
<tr><td rowspan="3">管线分离</td><td>电气管线</td><td>60% ≤比例≤ 80%</td><td>2 ~ 5*</td><td>85</td><td>5.0</td></tr>
<tr><td>给排水管线</td><td>60% ≤比例≤ 80%</td><td>1 ~ 2*</td><td rowspan="2">6</td><td>90</td><td>2.0</td></tr>
<tr><td>供暖管线</td><td>70% ≤比例≤ 100%</td><td>1 ~ 2*</td><td>100</td><td>2.0</td></tr>
<tr><td rowspan="3">加分项 Q5（6 分）</td><td colspan="2">信息化技术应用</td><td>设计、生产、施工全过程应用</td><td>3</td><td>—</td><td></td><td>0</td></tr>
<tr><td colspan="2" rowspan="2">绿色建筑评价星级等级</td><td>二星级</td><td>2</td><td>0</td><td></td><td>2.0</td></tr>
<tr><td>三星级</td><td>3</td><td>0</td><td></td><td>0</td></tr>
<tr><td colspan="3">装配率</td><td colspan="5">49/（100–6）× 100%=52.1%</td></tr>
</table>

注：表中带“*”项的分值采用“内插值”计算，计算结果取小数点后 1 位。

该项目作为基础级装配式工业建筑典型案例，建筑平面及立面设计标准化程度高，以现行标准评价，基本实现了基础级装配式工业建筑的预期效益。该项目主体结构采用混凝土框架结构体系，水平预制构件应用预应力空心板，实现水平构件免支模少支撑，提高施工效率；外围护采用轻质混凝土板材加金属板幕墙体系，与框架结构适配度高；装修与设备管线系统采用装配式装修技术，配套采用管线分离技术，便于工业建筑使用期间功能布局调整。同类项目实施过程中可在设计过程中应用信息化技术，以进一步提高设计、加工和施工阶段全过程、全专业的协同，提升建筑运行期间的维护水平。

7.2.2 典型案例二

1. 装配式建筑系统集成方案

某物流仓储类产业园项目位于平谷区，建成于 2023 年。该项目共有 4 栋 3 层物流仓库实施装配式建筑，建筑高度约为 33.7m，各仓库单体均采用装配式钢框架体系。该项目装配化程度较高，湿作业量少，建造工期短。该项目遵循标准化、模数化设计理念，轴网采用标准化网格设计，平面布局规则合理，应用装配式建造有利于提高建造效率及工程质量。

该项目在前期开展了装配式建筑技术方案策划，主体结构采用装配式钢结构体系，外围护体系采用保温、装饰一体化围护墙，装修和设备管线主要应用管线分离技术。装配式建筑技术策划方案具体见表 7–10。

表 7–10　装配式建筑技术策划方案

系统	集成方案	采用技术方案
主体结构	竖向预制构件	钢柱
	水平预制构件	钢筋桁架楼承板、钢梁、钢楼梯等
围护墙和内隔墙	围护墙非砌筑非现浇	夹芯保温外挂墙板
	围护墙与保温、装饰一体化	夹芯保温外挂墙板
装修和设备管线	全装修	—
	管线分离	给排水、电气管线分离

（1）主体结构系统。该项目仓库单体采用装配式钢框架结构体系，应用的竖向预制构件为钢柱，水平预制构件包括钢筋桁架楼承板、钢梁及钢楼梯等；该项目主体结构选型实现了工业化生产、现场装配化施工，工业化程度高、工期短、污染少，提高了装配式建筑建造效率。

（2）外围护和内隔墙系统。该项目外围护体系采用夹芯保温外挂墙板，可实现围护墙非砌筑非现浇及保温、装饰一体化，同时与主体结构适配度高、现场安装效率高、立面效果好，提升建筑品质及装配式技术实施效益。夹芯保温外挂墙板典型节点见图 7–3。

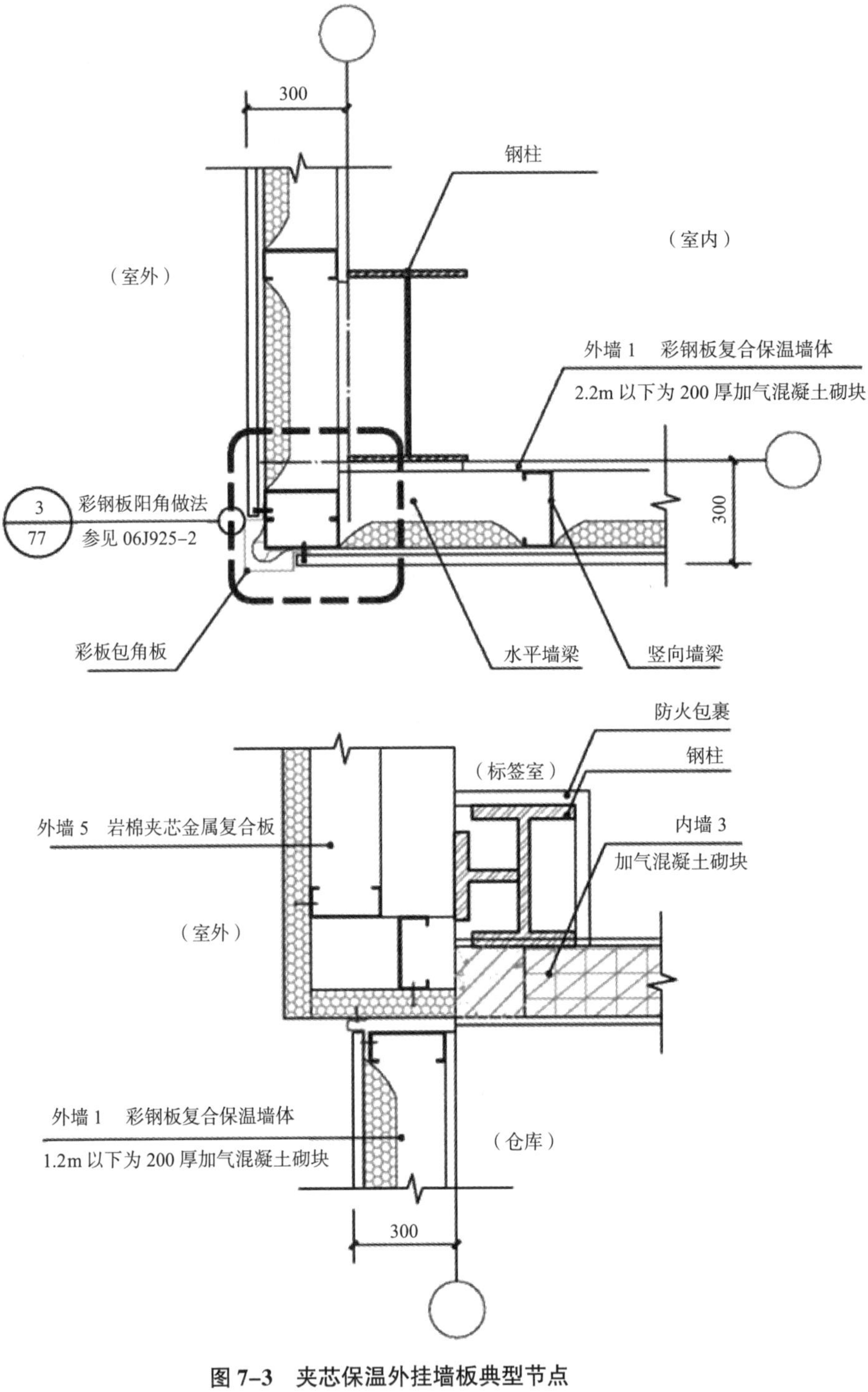

图 7-3　夹芯保温外挂墙板典型节点

（3）装修和设备管线系统。该项目为全装修交付，土建与装修设计、施工一体化，避免现场二次作业；同时该项目应用机电管线分离技术，管线集成布置在吊顶或干式工法墙面、架空地面空腔内，便于建筑使用阶段的管线维护、检修与更换。

2. 解析与评价

本部分以该项目某栋仓库为例展开具体实施方案解析。项目设计建造时间早于北京市地方标准《装配式建筑评价标准》DB11/T 1831—2021 实施时间，按现行评价标准测算，其装配率为 70.3%，评价为 A（BJ）级装配式建筑，具体见表 7–11。

表 7–11 某楼栋装配率评分表

<table>
<tr><th colspan="3">评价项</th><th>评价要求</th><th>评价分值 / 分</th><th>最低得分 / 分</th><th>应用比例 / %</th><th>实际得分 / 分</th></tr>
<tr><td rowspan="2">主体结构 Q1（45 分）</td><td colspan="2">柱、支撑、承重墙、延性墙板等竖向构件</td><td>35% ≤比例≤ 80%</td><td>20 ～ 30*</td><td rowspan="2">15</td><td>100</td><td>30.0</td></tr>
<tr><td colspan="2">梁、楼板、屋面板、楼梯、阳台、空调板等构件</td><td>70% ≤比例≤ 80%</td><td>10 ～ 15*</td><td>100</td><td>15.0</td></tr>
<tr><td rowspan="4">围护墙与内隔墙 Q2（20 分）</td><td colspan="2">围护墙非砌筑非现浇</td><td>比例≥ 60%</td><td>5</td><td rowspan="4">10</td><td>100</td><td>5.0</td></tr>
<tr><td colspan="2">围护墙与保温、装饰一体化</td><td>50% ≤比例≤ 80%</td><td>2 ～ 5*</td><td>100</td><td>5.0</td></tr>
<tr><td colspan="2">内隔墙非砌筑</td><td>比例≥ 60%</td><td>5</td><td></td><td></td></tr>
<tr><td colspan="2">内隔墙与管线、装修一体化</td><td>50% ≤比例≤ 80%</td><td>5*</td><td></td><td></td></tr>
<tr><td rowspan="9">装修与设备管线 Q3（35 分）</td><td colspan="2">全装修</td><td>—</td><td>5</td><td>5</td><td></td><td>5.0</td></tr>
<tr><td rowspan="2">公共区域装修采用干式工法</td><td>公共建筑</td><td>比例≥ 70%</td><td rowspan="2">3</td><td rowspan="8">6</td><td></td><td></td></tr>
<tr><td>居住建筑</td><td>比例≥ 60%</td><td></td><td></td></tr>
<tr><td colspan="2">干式工法楼面、地面</td><td>70% ≤比例≤ 90%</td><td>3 ～ 6*</td><td></td><td></td></tr>
<tr><td colspan="2">集成厨房</td><td>70% ≤比例≤ 90%</td><td>3 ～ 6*</td><td>—</td><td>—</td></tr>
<tr><td colspan="2">集成卫生间</td><td>70% ≤比例≤ 90%</td><td>3 ～ 6*</td><td></td><td></td></tr>
<tr><td rowspan="3">管线分离</td><td>电气管线</td><td>60% ≤比例≤ 80%</td><td>2 ～ 5*</td><td>95.4</td><td>5.0</td></tr>
<tr><td>给排水管线</td><td>60% ≤比例≤ 80%</td><td>1 ～ 2*</td><td>61.3</td><td>1.1</td></tr>
<tr><td>供暖管线</td><td>70% ≤比例≤ 100%</td><td>1 ～ 2*</td><td></td><td></td></tr>
<tr><td rowspan="3">加分项 Q5（6 分）</td><td colspan="2">信息化技术应用</td><td>设计、生产、施工全过程应用</td><td>3</td><td>—</td><td></td><td></td></tr>
<tr><td colspan="2" rowspan="2">绿色建筑评价星级等级</td><td>二星级</td><td>2</td><td>0</td><td></td><td></td></tr>
<tr><td>三星级</td><td>3</td><td>0</td><td></td><td></td></tr>
<tr><td colspan="3">装配率</td><td colspan="5">66.1 /（100–6）× 100%=70.3%</td></tr>
</table>

注：表中带“*”项的分值采用“内插值”计算，计算结果取小数点后 1 位。

该项目作为A（BJ）级装配式工业建筑典型案例，结合物流仓库轴网跨度大、荷载标准高等特点，建筑结构平面布局标准化程度高，以现行标准评价，基本实现了A（BJ）级装配式工业建筑的预期效益。该项目主体结构采用装配式钢结构体系，钢结构构件全部由工厂生产，现场干式安装，体现了装配式钢结构施工效率高、污染少的特点；外围护体系采用与钢框架结构适配度高的夹芯保温外挂墙板；装修和设备管线系统应用管线分离技术。同类项目实施过程中可在设计过程中增加装配式装修技术，如内隔墙与管线、装修一体化技术，进一步提升建筑品质及可持续发展性。

7.2.3 典型案例三

1. 装配式建筑系统集成方案

某厂房项目位于延庆区，该项目厂房单体为工业用地上新建单层厂房，建筑高度为8m，主体采用装配式钢框架结构体系。

该项目在前期开展了装配式建筑技术方案策划，主体结构采用装配式钢框架结构体系，外围护体系采用非砌筑非现浇围护墙，同时实现保温、装饰一体化，内隔墙应用非砌筑内隔墙，装修和设备管线系统应用管线分离技术。装配式建筑技术策划方案具体见表7–12。

表7–12 装配式建筑技术策划方案

系统	集成方案	采用技术方案
主体结构	竖向预制构件	钢柱
	水平预制构件	压型钢板组合楼板、钢梁等
围护墙和内隔墙	围护墙非砌筑非现浇	夹芯保温外挂墙板
	围护墙与保温、装饰一体化	夹芯保温外挂墙板
	内隔墙非砌筑	轻质混凝土板材
装修和设备管线	全装修	—
	管线分离	给排水、电气管线分离

（1）主体结构系统。该项目单层厂房采用装配式钢框架结构体系，应用的竖向预制构件为钢柱，水平预制构件包括压型钢板组合楼板及钢梁等；该项目主体结构选型实现了工业化生产、现场装配化施工，工业化程度高、工期短、污染少，提高了装配式建筑建造效率。

（2）外围护和内隔墙系统。该项目外围护体系采用夹芯保温外挂墙板，可实现围护墙非砌筑非现浇及保温、装饰一体化，同时与主体结构适配度高、现场安装效率高、立面效果好，提升建筑品质及装配式技术实施效益。建筑立面采用模块化设计，最大限度提高预制构件标准化程度，夹芯保温外挂墙板采用全预制三明治夹芯挂板产品，总厚度为220mm（60mm外叶+80mm保温+80mm内叶），内外叶之间设置桁架钢筋，工厂加工一体成型。内隔墙采用蒸压加气混凝土板材，实现内隔墙非砌筑，同时蒸压加气混凝土板材具备节能环保、施工便利、隔音性能优良等优点。建筑外立面见图7–4。

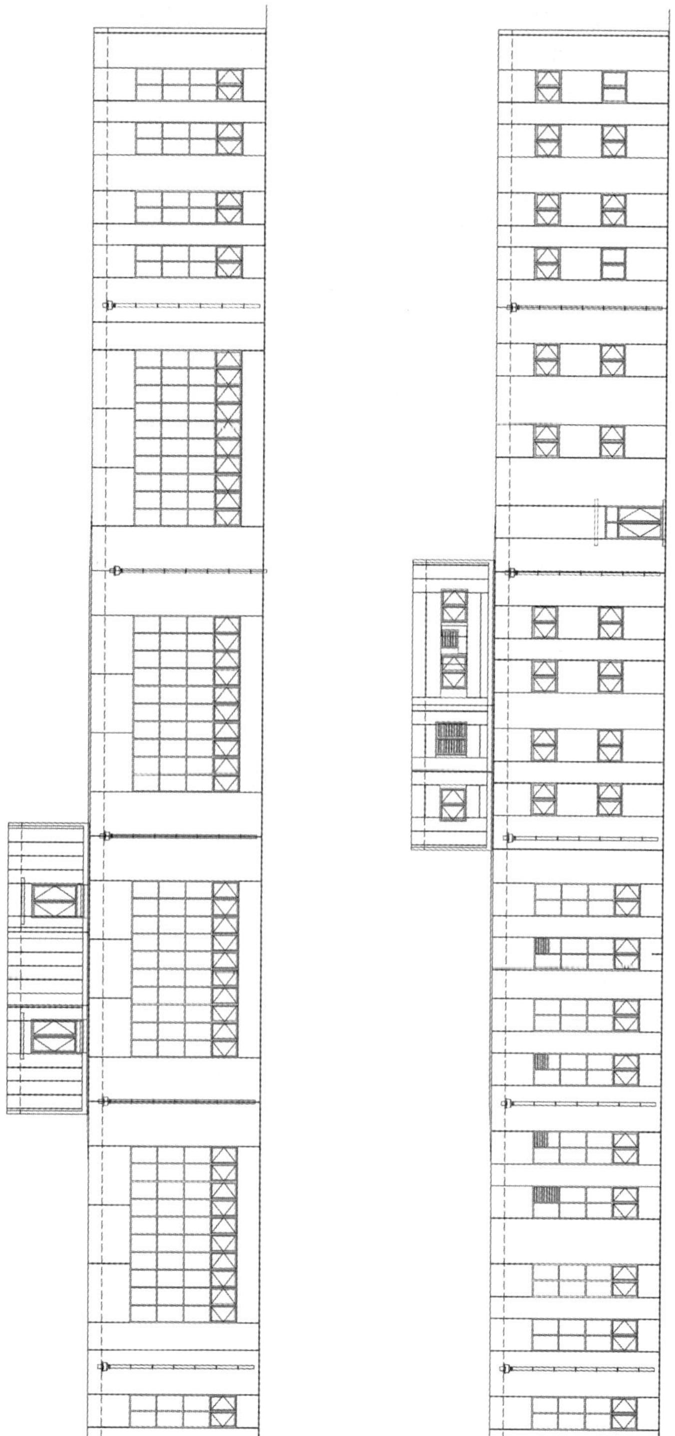

图 7-4 建筑立面图

（3）装修和设备管线系统。该项目为全装修交付，土建与装修设计、施工一体化，避免现场二次作业；同时该项目同时应用机电管线分离技术，管线明敷于楼板下，便于建筑使用阶段的管线维护、检修与更换。

2. 解析与评价

本部分以该项目某厂房为例展开具体实施方案解析。项目设计建造时间早于北京市地方标准《装配式建筑评价标准》DB11/T 1831—2021 实施时间，按现行评价标准测算装配率为 80.4%，评价为 AA（BJ）级装配式建筑，具体见表 7-13。

表 7-13 某楼栋装配率评分表

评价项			评价要求	评价分值 / 分	最低得分 / 分	应用比例 / %	实际得分 / 分
主体结构 Q1（45 分）	柱、支撑、承重墙、延性墙板等竖向构件		35% ≤比例≤ 80%	20 ~ 30*	15	100	30.0
	梁、楼板、屋面板、楼梯、阳台、空调板等构件		70% ≤比例≤ 80%	10 ~ 15*		100	15.0
围护墙与内隔墙 Q2（20 分）	围护墙非砌筑非现浇		比例≥ 60%	5	10	100	5.0
	围护墙与保温装饰一体化		50% ≤比例≤ 80%	2 ~ 5*		100	5.0
	内隔墙非砌筑		比例≥ 60%	5		100	5.0
	内隔墙与管线、装修一体化		50% ≤比例≤ 80%	5*			
装修与设备管线 Q3（35 分）	全装修		—	5	5		5.0
	公共区域装修采用干式工法	公共建筑	比例≥ 70%	3	6		
		居住建筑	比例≥ 60%				
	干式工法楼面、地面		70% ≤比例≤ 90%	3 ~ 6*			
	集成厨房		70% ≤比例≤ 90%	3 ~ 6*		—	—
	集成卫生间		70% ≤比例≤ 90%	3 ~ 6*			
	管线分离	电气管线	60% ≤比例≤ 80%	2 ~ 5*		100	5.0
		给排水管线	60% ≤比例≤ 80%	1 ~ 2*		100	2.0

表 7-13（续）

评价项			评价要求	评价分值 / 分	最低得分 / 分	应用比例 / %	实际得分 / 分
装修与设备管线 Q3（35 分）	管线分离	供暖管线	70% ≤比例≤ 100%	1 ~ 2*		—	—
加分项 Q5（6 分）	信息化技术应用		设计、生产、施工全过程应用	3	—		
	绿色建筑评价星级等级		二星级	2	0		
			三星级	3	0		
装配率			74 / (100−6−2) × 100%=80.4%				

注：表中带“*”项的分值采用“内插值”计算，计算结果取小数点后 1 位。

该项目作为 AA（BJ）级装配式工业建筑典型案例，建筑结构平面布局合理规整、标准化程度高，以现行标准评价，实现了 AA（BJ）级装配式工业建筑的预期效益。该项目主体结构采用装配式钢结构体系，钢结构构件全部由工厂生产，现场干式安装，体现了装配式钢结构施工效率高、污染少的特点；外围护体系采用与钢框架结构适配度高的夹芯保温外挂墙板，内隔墙系统采用蒸压加气混凝土板材；装修和设备管线系统应用管线分离技术。同类项目实施过程中可在设计过程中增加装配式装修技术，如内隔墙与管线、装修一体化技术，结合机电管线分离技术进一步提升建筑品质及可持续发展性。

参考文献

［1］北京中建协认证中心有限公司，等．中国建筑行业装配式建筑发展研究报告（2022）［M］．北京：中国建筑工业出版社，2022.

［2］北京市住房和城乡建设委员会．北京住房和城乡建设发展白皮书（2018）［M］.2018.

［3］北京市住房和城乡建设委员会．北京住房和城乡建设发展白皮书（2019）［M］.2019.

［4］北京市住房和城乡建设委员会．北京住房和城乡建设发展白皮书（2020）［M］.2020.

［5］北京市住房和城乡建设委员会．北京住房和城乡建设发展白皮书（2021）［M］.2021.

［6］北京市住房和城乡建设委员会．北京住房和城乡建设发展白皮书（2022）［M］.2022.